BIM算量一图一练

朱溢镕　黄丽华　赵　冬　主编

化学工业出版社

·北京·

本书为两套图纸，一讲一练。其中一套为案例讲解图纸，在《建筑工程计量与计价》一书中结合实际的建筑工程各分部分项具体内容，进行全过程细化分析讲解。读者在学习专业基础知识的同时，通过完整的案例分析讲解可以有效地把握分部分项模块化训练及整体知识，提升读者对整体建筑工程的计量计价能力；另一套为案例实训图纸，通过《建筑工程计量与计价》教材中实训任务的布置及要求，使读者独立完成该案例工程的各分部分项工程实训内容的编制，从而提升读者独立编制建筑工程投标报价能力。

本图纸主要针对建筑类相关专业识图及建筑工程计量与计价课程学习使用，可以作为高等院校工程管理、造价管理、房地产经营管理、审计、公共事业管理、资产评估等专业的识图算量教材，同时也可以作为建设单位、施工单位、设计及监理单位工程造价人员学习的参考案例。

本图纸只可以用于教学，不可用于施工。

图书在版编目（CIP）数据

BIM算量一图一练/朱溢镕，黄丽华，赵冬主编.
北京：化学工业出版社，2016.1（2023.7重印）

（BIM算量系列教程）
ISBN 978-7-122-23994-5

Ⅰ.①B… Ⅱ.①朱…②黄…③赵… Ⅲ.①建筑设计-计算机辅助设计-应用软件-图集 Ⅳ.①TU201.4-64

中国版本图书馆CIP数据核字（2015）第101873号

责任编辑：吕佳丽　　　　　　　　　　　　　　装帧设计：张　辉
责任校对：宋　玮

出版发行：化学工业出版社（北京市东城区青年湖南街13号　邮政编码100011）
印　　刷：北京云浩印刷有限责任公司
装　　订：三河市振勇印装有限公司
880mm×1230mm　1/8　印张7　字数190千字　2023年7月北京第1版第14次印刷

购书咨询：010-64518888　　　　　售后服务：010-64518899
网　　址：http：//www.cip.com.cn
凡购买本书，如有缺损质量问题，本社销售中心负责调换。

定　　价：26.00元　　　　　　　　　　　　　版权所有　违者必究

编审委员会名单

编写人员名单

主　编　朱溢镕　广联达软件股份有限公司
　　　　黄丽华　浙江广厦建设职业技术学院
　　　　赵　冬　广东工程职业技术学院
副主编　张　迪　杨凌职业技术学院
　　　　杨　谦　陕西工业职业技术学院
　　　　刘师雨　广联达软件股份有限公司
参　编（按拼音排序）
　　　　蔡黔芬　武汉理工大学
　　　　曹　佐　山西交通职业技术学院
　　　　成如刚　黄冈职业技术学院
　　　　代端明　广西建设职业技术学院
　　　　樊　娟　黄河建工集团股份有限公司
　　　　高　瑛　沈阳职业技术学院
　　　　郭呈祥　濮阳职业技术学院
　　　　韩红霞　河南一砖一瓦工程管理公司
　　　　黄　甜　太原城市职业技术学院
　　　　李　娟　湖北城市建设职业技术学院
　　　　刘　凤　重庆市城市建设技工学校
　　　　石书羽　辽宁建筑职业学院
　　　　石速耀　陕西工商职业学院
　　　　苏爱娟　广西城市建设学校
　　　　仝彩霞　连云港职业技术学院
　　　　童亨浙　江西理工大学南昌分校
　　　　王粉鸽　防灾科技学院
　　　　王剑飞　广联达软件股份有限公司
　　　　杨文生　北京交通职业技术学院
　　　　姚玲云　德州职业技术学院
　　　　曾　浩　茂名职业技术学院
　　　　张朝伟　天津海运职业学院
　　　　张天钧　贵州理工学院
　　　　赵振华　贵州师范大学

序

建设行业作为国民经济支柱产业之一，转型升级的任务十分艰巨，BIM技术作为建设行业创新可持续发展的重要技术手段，其应用与推广对建设行业发展来说，将带来前所未有的改变，同时也将给建设行业带来巨大的前进动力。

伴随着BIM技术理念不断深化，范围不断拓展，价值不断彰显，呈现出了以下特点：一是应用阶段从以关注设计阶段为主向工程建设全过程扩展；二是应用形式从单一技术向多元化综合应用发展；三是用户使用从电脑应用向移动客户端转变；四是应用范围从标志性建筑向普通建筑转变。它对建设行业是一次颠覆性变革，对参与建设的各方，无论从工作方式、工作思路、工作路径都将发生革命性的改变。

面对新的趋势和需求，从技术技能应用型人才培养角度出发，需要我们更多地理解和掌握BIM技术，将BIM技术与其他先进技术融合到人才培养方案，融合到课程，融合到课堂之中，创新培养模式和教学手段，让课堂变得更加生动，使之受到更多学生的喜爱和欢迎。

本套BIM算量系列教程，主要围绕BIM技术深入应用到建筑工程工程造价计价与控制全过程这一主线展开，突出了以下特色：

一是项目导向，注重理论与实际融合。通过项目阶段任务化的模式，以情景片段展开，在完善基础知识的同时开展项目化实训教学，通过项目化任务的训练，让学生快速掌握计量计价手算技能。

二是通俗易懂，注重知识与技能融合。教材立足于学生能通过BIM技术在计量计价中学习与训练，形成完整知识架构，并能熟练掌握操作过程的目标，通过完整的项目案例为载体，利用"一图一练"的模式进行讲解，将复杂项目过程更加直观化，学生也更容易理解内容与提升技能。

三是创新引领，注重技术与信息融合。本套教材在编写过程中，大量应用了二维码、三维实体动画、模拟情景中展开等多种形式与手段，将二维课本以三维立体的形式呈现于学生面前，从而提升学生实习兴趣，加快掌握造价技能与技巧。

四是校企合作，注重内容与标准融合。有多家企业共同参与策划与编写本系列教材，尤其是计价软件教材依托于广联达BIM系列软件为基础，按照BIM一体化课程设计思路，围绕设计打通造价应用展开编制，较好地做到了教材内容与实际职业标准、岗位职责相一致，真正让学生做到学以致用、学有所用。

本套教材是在现代职业教育有关改革精神指导下，围绕能力培养为主线，根据BIM技术发展趋势与毕业生岗位就业方向、生源实际情况编写的，教学思路清晰，设计理念先进，突破了传统的计量计价课程模式，为BIM技术在工程造价行业落地应用提供了很好的资源，探索了特色教材编写的新路径，值得向广大读者推荐。

浙江建设职业技术学院院长 *何辉* 教授

2016年3月8日于钱塘江畔

前　言

随着土建类专业人才培养模式的转变及教学方法改革，人才培养主要以技能型人才为主。本书围绕全国高等教育建筑工程技术专业教育标准和培养方案及主干课程教学大纲的基本要求，在集成以往教程建设方面的宝贵经验的基础上，确定了本书的编写思路。本书初步尝试以信息化手段融入传统的理论教学，内容以项目化案例任务驱动教学模式，采取一图一练的形式进行贯穿，理论与实训相结合，有效解决课堂教学与实训环节的脱节问题，从而达到提升技能型人才培养的目标。

本书为两套图纸，一讲一练。其中一套为案例讲解图纸，在《建筑工程计量与计价》《BIM造价应用》中结合实际的建筑工程各分部分项具体内容，进行全过程细化分析讲解。学生在学习专业基础知识的同时，通过完整的案例分析讲解可以有效地把握分部分项模块化训练及整体知识，提升学生对整体建筑工程的计量计价能力；另一套为案例实训图纸，通过《建筑工程计量与计价》中实训任务的布置及要求，使学生独立完成该案例工程的各分部分项工程实训内容的编制，从而提升学生独立编制建筑工程投标报价能力。

本图纸主要针对建筑类相关专业识图、建筑工程计量与计价课程、建筑工程BIM算量系列实训教程学习使用，可以作为高等院校工程管理、造价管理、房地产经营管理、审计、公共事业管理、资产评估等专业的识图算量教材，同时也可以作为建设单位、施工单位、设计及监理单位工程造价人员学习的参考案例。本图纸只可以用于数学，不可用于施工。

由于编者水平有限，书中难免有不足之处，恳请广大读者批评指正，以便及时修订与完善。为方便读者学习BIM系列教程，并与我们应用交流，编审委员会特建立BIM教程应用交流QQ群：273241577（该群为实名制，入群读者申请以"姓名+单位"命名），欢迎广大读者加入。该群为广大读者提供与主编以及各地区参编的交流机会，如果需要电子图纸及配套教材案例模型等电子资料，也可以在群内获取。编委会还为读者打造了BIM系列教材的辅助学习视频，读者可以登录"建才网校"免费学习（百度"建才网校"即可找到）。

【BIM教程应用交流QQ群（扫码可加入）】

AR 图书说明

本书 AR 内容由展视网（北京）科技有限公司制作，读者只需要下载 AR 图书的 APP 之后直接扫描图纸，图纸二维的内容就能够通过虚实结合的方式在移动设备中呈现出来。结合 AR 图书中的互动内容，通过三维动画的形式模拟施工过程，帮助读者够快速掌握建筑识图知识。本书 AR 内容主要由展视网（北京）科技有限公司张树坤、林伟、伍岳、段冰、郝岩，北京九鼎九和建设集团有限公司罗富荣制作。操作步骤及注意事项如下：

1. 首次安装或使用软件时，如果设备提示"是否允许该软件获取摄像头权限"，请点击"允许"，以保证软件正常使用。

2. 扫描二维码下载 APP—在浏览器中打开—下载安装—本地下载—安装（选择信任该程序，允许）。

3. 本书"专用宿舍楼"的 AR **演示包括4~7页、15页、16页、18~22页，其他页面不能识别**。成功安装 APP 并打开扫描界面，手机离图纸约 20 厘米高，平面图完全进入扫描区后，单击手机扫描区任一空白处，即可呈现三维模型。

4. 请务必先单击左下角 ，锁定屏幕，然后再进行其他操作，单击模型可以旋转，双手可移动或缩放模型。

5. 模型缩小后，左下角有动画演示按钮，读者可以点击观看动画演示或隐藏构件效果。

6. 返回主界面，请用手机返回键直接返回或关闭。

7. 操作问题可咨询 BIM 教学应用交流群 QQ273241577。

扫描二维码，下载 AR 图书 APP

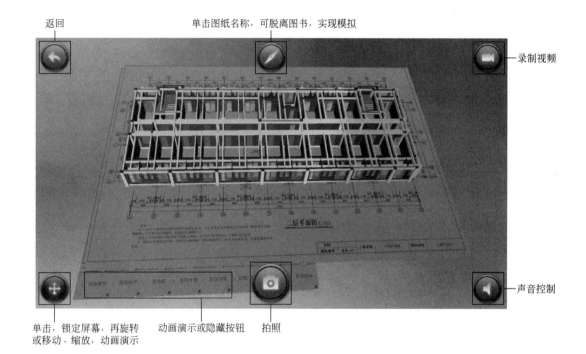

展示效果图

目　录

一、专用宿舍楼

建筑目录

序号	图纸编号	图纸名称
1	建施-01	建筑设计总说明
2	建施-02	室内装修做法表
3	建施-03	一层平面图
4	建施-04	二层平面图
5	建施-05	屋顶层平面图
6	建施-06	①～⑭立面图 ⑭～①立面图
7	建施-07	Ⓕ～Ⓐ（Ⓐ～Ⓕ）1-1剖面图
8	建施-08	楼梯详图
9	建施-09	卫生间详图 门窗详图
10	建施-10	节点大样（一）
11	建施-11	节点大样（二）

结构目录

序号	图纸编号	图纸名称
1	结施-01	结构设计总说明（一）
2	结施-02	结构设计总说明（二）
3	结施-03	基础平面布置图
4	结施-04	柱平面定位图
5	结施-05	柱配筋表
6	结施-06	一层梁配筋图
7	结施-07	二层梁配筋图
8	结施-08	屋顶层梁配筋图
9	结施-09	二层板配筋图
10	结施-10	屋顶层板配筋图
11	结施-11	楼梯顶层梁，板配筋图
12	结施-12	楼梯结构详图

建筑设计总说明

一、设计依据

1. 相关部门主管的审批文件。
2. 现行的国家有关建筑设计主要规范及规程
(1)《民用建筑设计通则》(GB 50352—2005)
(2)《建筑设计防火规范》(GB 50016—2014)
(3)《屋面工程技术规范》(GB 50345—2012)
(4)《无障碍设计规范》(GB 50763—2012)
(5)《宿舍建筑设计规范》(JGJ 36—2005)
(6)《建筑内部装修设计防火规范(2001版)》(GB 50222—1995)
(7)《民用建筑工程室内环境污染控制规范(2013版)》(GB 50325—2010)

二、项目概况

1. 项目名称:专业宿舍楼(不可指导施工)。
2. 建筑面积及占地面积:总建筑面积1732.48m²,基底面积836.24m²。
3. 建筑高度及层数:建筑高度为7.650m(按自然地坪计到结构屋面顶板),1~2层为宿舍。
4. 建筑耐火等级及抗震设防烈度:建筑耐火等级为二级,抗震设防烈度为七度。
5. 结构类型:框架结构。
6. 建筑物设计使用年限为50年。屋面防水等级为Ⅱ级。

三、设计标高及单位

1. 室内外地坪高差为0.450m。
2. 所注各种标高,除注明者外,均为建筑完成面标高;总平面图尺寸单位及标高单位为m,其余图纸尺寸单位为mm。
3. ±0.000对应的绝对高程为168.250m。
4. 地理位置为寒冷地区。

四、墙体工程

1. 墙体基础部分详见结构。构造柱位置及做法详见结施;除注明外轴线均居墙中。
2. 材料与厚度:本工程墙体除特殊注明者外,均为200厚加气混凝土砌块,±0.000标高以下外墙为240厚煤矸石烧结实心砖,有地漏房间,隔墙根部应先做200高C20素混凝土条带,遇门断开。
3. 墙体留洞
(1)墙体空调留洞预埋φ90塑料管,位置详见平面图,留洞中心距墙边100~200(躲开结构钢筋)。预留洞距地2800,空调冷凝水立管为φ50塑料管或由雨水管替代。
(2)配电箱和消火栓留洞:留洞大小和位置详见结施和结施,过梁详见结施。
(3)预留洞的封堵:砌筑墙留洞待管道设备安装完毕后用C20细石混凝土填实。
(4)墙身防潮层:在室内地坪下约60处做20厚1:3水泥砂浆内加5%防水剂的墙身防潮层。

五、屋面工程

1. 屋面防水等级为Ⅱ级,防水层合理使用年限为15年。
屋1:平屋面,做法详见建施-07屋面1做法。
屋2:楼梯间屋面,做法详见建施-07屋面2做法。
屋3:雨篷屋面,做法详见建施-07屋面3做法。
2. 屋面排水组织见屋顶平面图,雨水管选用DN100硬质UPVC管材,雨篷排水雨水管选用直径80UPVC塑料管,外伸80。

六、门窗工程

1. 所有外门窗除注明外均采用墨绿色塑钢窗,开启扇均加纱扇。外门窗为中空玻璃门窗(厚度5+9A+5)所有门窗的气密性为6级,水密性为3级,抗风压为4级,指标必须符合《建筑外门窗气密、水密、抗风压性能分级及检测方法》(GB/T 7106—2008)。
2. 门窗立面均表示洞口尺寸,门窗加工尺寸应按照装修面厚度予以调整,门窗制作安装应实测核对各洞口尺寸及各门窗编号与个数,以防止由于设计及构造误差造成安装困难。
3. 门窗立樘:外门窗立樘除墙身节点图注明者外,其余立樘均居墙中,内门窗立樘除图中另有注明者外,单向平开门立樘与开启方向平齐。
4. 建筑物的单块面积大于1.5m²的玻璃及玻璃底边离最终装修面小于900mm的落地窗、建筑物的出入口、门厅等部位均采用安全玻璃,并应遵照《建筑玻璃应用技术规程》(JGJ 113—2009)和《建筑安全玻璃管理规定》发改运行[2003]2116号及地方主管部门的有关规定。

七、外装修工程

1. 外装修用材及色彩详见立面图,外墙及构件的构造做法详见室内外装修表及外墙节点详图建施-07备注说明。
2. 外装修选用的各项材料,均由施工单位提供样板和选样,由建设和设计单位确认后封样,并据此进行验收。

八、内装修工程

1. 内装修工程应满足《建筑内部装修设计防火规范》(GB 50222—1995)及1999年修订条文要求,楼地面部分满足《建筑地面设计规范》(GB 50037—2013)要求,室内一般装修做法详见室内装修表。
2. 楼地面构造交接处和地坪高度变化处,除图中另有注明者外均平齐门扇开启面处。卫生间楼地面均做防水层,并做0.5%坡度坡向地漏,地漏周围1m范围内坡度为1%;卫生间楼地面面层标高低于同层楼地面标高20,防水层上翻500。卫生间、盥洗室楼地面防水层详见室内装修做法表。
3. 水、电、暖通专业楼层留洞待设备管线安装完毕后,管道竖井每层用与同层楼板相同材料进行封堵,风井、烟道内侧墙面随砌(随浇)随抹20厚1:2水泥砂浆,要求内壁平整密实,不透气,以利烟气排放通畅。

九、油漆涂料工程

1. 室内装修部分的油漆涂料做法详见《建筑构造统一做法表》。
2. 木门颜色为乳黄色,所选颜色均应在施工前做出样板,经设计单位和建设单位同意后方可施工。
3. 凡露明铁件均应先刷防锈漆两道,再用同室内外部位相同颜色的调和漆罩面。
4. 凡与混凝土或砌块接触的木材表面、预埋木砖均满涂防腐剂。

十、无障碍设计

1. 无障碍坡道门内外地面高差为15mm并以斜面过渡。无障碍坡道栏杆,坡道做法参见详图。
2. 无障碍居室在宿舍区内集中设置。

十一、建筑防火设计

1. 建筑类别、耐火等级本工程为多层宿舍楼,耐火等级为二级。
2. 防火分区:本工程每层为一个防火区。
3. 安全疏散:本工程设有两部疏散楼梯,两部楼梯间在顶层屋面连通,楼梯在首层直通室外。
4. 外墙外保温系统防火要求:保温材料的燃烧性能等级应为不低于A(不燃)级。

建筑楼层信息表

类型 楼层	标高	层高	单位	备注
首层	±0.000	3.6	m	
二层	3.600	3.6	m	
屋顶层	7.200	3.6	m	7.200为建筑标高
楼梯屋顶层	10.800		m	10.800为建筑标高

日期		工程名称	专用宿舍楼	图纸名称	建筑设计总说明
图纸编号	建施-01				

室内装修做法表

部位 房间名称	楼地面、楼面	踢脚板	内墙面	顶棚
门厅	花岗岩地面（楼面） 1. 20厚花岗岩石材 2. 30厚1:3干硬性水泥砂浆结合层，表面撒水泥粉 3. 水泥砂浆一道（内掺建筑胶） 4. 60厚C15混凝土垫层，现浇钢筋混凝土楼板 5. 150厚碎石夯入土中	大理石踢脚（100高） 1. 10～15厚大理石石材板（吐防污剂），稀水泥浆擦缝 2. 12厚1:2水泥砂浆（内掺建筑胶）黏结层 3. 素水泥砂浆一道（内掺建筑胶）	水泥石灰浆墙面 1. 白色面浆墙面 2. 2厚纸筋石灰罩面 3. 12厚1:3:9水泥石灰膏砂浆打底分层抹平 4. 素水泥砂浆一道甩毛（内掺建筑胶）	白色乳胶漆顶棚 1. 白色乳胶漆涂料 2. 3厚1:0.5:2.5水泥石灰膏砂浆找平 3. 5厚1:0.5:3水泥石膏砂浆打底扫毛 4. 素水泥砂浆一道甩毛（内掺建筑胶）
走道，阳台 宿舍	地砖地面（楼面） 1. 10～15厚地砖，干水泥擦缝 2. 30厚1:3干硬性水泥砂浆结合层，表面撒水泥粉 3. 水泥砂浆一道（内掺建筑胶） 4. 60厚C15混凝土垫层，现浇钢筋混凝土楼板 5. 150厚碎石夯入土中	水泥踢脚（100高） 1. 6厚1:2.5水泥砂浆抹面压实赶光 2. 素水泥砂浆一道 3. 8厚1:3水泥砂浆打底压出纹道 4. 素水泥砂浆一道（内掺建筑胶）	水泥石灰浆墙面 1. 白色面浆墙面 2. 2厚纸筋石灰罩面 3. 12厚1:3:9水泥石灰膏砂浆打底分层抹平 4. 素水泥砂浆一道甩毛（内掺建筑胶）	白色乳胶漆顶棚 1. 白色乳胶漆涂料 2. 3厚1:0.5:2.5水泥石灰膏砂浆找平 3. 5厚1:0.5:3水泥石膏砂浆打底扫毛 4. 素水泥砂浆一道甩毛（内掺建筑胶）
开水房，洗浴室 公用卫生间 宿舍卫生间	陆水地面（楼面） 1. 10～15厚地砖，干水泥擦缝 2. 20厚1:3干硬性水泥砂浆结合层，表面撒水泥粉 3. 1厚聚合物水泥基防水涂料 4. 1:3水泥砂浆或最薄处30厚C20细石混凝土找坡层抹平 5. 水泥砂浆一道（内掺建筑胶） 6. 60厚C15混凝土垫层，现浇钢筋混凝土楼板 7. 150厚碎石夯入土中	水泥踢脚（100高） 1. 6厚1:2.5水泥砂浆抹面压实赶光 2. 素水泥砂浆一道 3. 8厚1:3水泥砂浆打底压出纹道 4. 素水泥砂浆一道（内掺建筑胶）	面砖防水墙面 1. 白水泥擦缝 2. 10厚墙面砖（粘贴前墙砖充分水湿） 3. 4厚强力胶粉泥黏结层，揉挤压实 4. 1:5聚合物水泥基复合防水涂料防水层 5. 刷素水泥砂浆一道甩毛 6. 聚合物水泥砂浆修补墙基面	白色乳胶漆顶棚 1. 白色乳胶漆涂料 2. 3厚1:0.5:2.5水泥石灰膏砂浆找平 3. 5厚1:0.5:3水泥石膏砂浆打底扫毛 4. 素水泥砂浆一道甩毛（内掺建筑胶）
楼梯间	地砖地面（楼面） 1. 10～15厚地砖，干水泥擦缝 2. 30厚1:3干硬性水泥砂浆结合层，表面撒水泥粉 3. 水泥砂浆一道（内掺建筑胶） 4. 60厚C15混凝土垫层，现浇钢筋混凝土楼板 5. 150厚碎石夯入土中	水泥踢脚（100高） 1. 6厚1:2.5水泥砂浆抹面压实赶光 2. 素水泥砂浆一道 3. 8厚1:3水泥砂浆打底压出纹道 4. 素水泥砂浆一道（内掺建筑胶）	水泥石灰浆墙面 1. 白色面浆墙面 2. 2厚纸筋石灰罩面 3. 12厚1:3:9水泥石灰膏砂浆打底分层抹平 4. 素水泥砂浆一道甩毛（内掺建筑胶）	白色乳胶漆顶棚 1. 白色乳胶漆涂料 2. 3厚1:0.5:2.5水泥石灰膏砂浆找平 3. 5厚1:0.5:3水泥石膏砂浆打底扫毛 4. 素水泥砂浆一道甩毛（内掺建筑胶）
管理室	地砖地面（楼面） 1. 10～15厚地砖，干水泥擦缝 2. 30厚1:3干硬性水泥砂浆结合层，表面撒水泥粉 3. 水泥砂浆一道（内掺建筑胶） 4. 60厚C15混凝土垫层，现浇钢筋混凝土楼板 5. 150厚碎石夯入土中	花岗石踢脚（100高） 1. 10～15厚花岗石石材板（吐防污剂），稀水泥浆擦缝 2. 12厚1:2水泥砂浆（内掺建筑胶）黏结层 3. 素水泥砂浆一道（内掺建筑胶）	水泥石灰浆墙面 1. 白色面浆墙面 2. 2厚纸筋石灰罩面 3. 12厚1:3:9水泥石灰膏砂浆打底分层抹平 4. 素水泥砂浆一道甩毛（内掺建筑胶）	白色乳胶漆顶棚 1. 白色乳胶漆涂料 2. 3厚1:0.5:2.5水泥石灰膏砂浆找平 3. 5厚1:0.5:3水泥石膏砂浆打底扫毛 4. 素水泥砂浆一道甩毛（内掺建筑胶）

日期		工程名称	专用宿舍楼	图纸名称	室内装修做法表
图纸编号	建施-02				

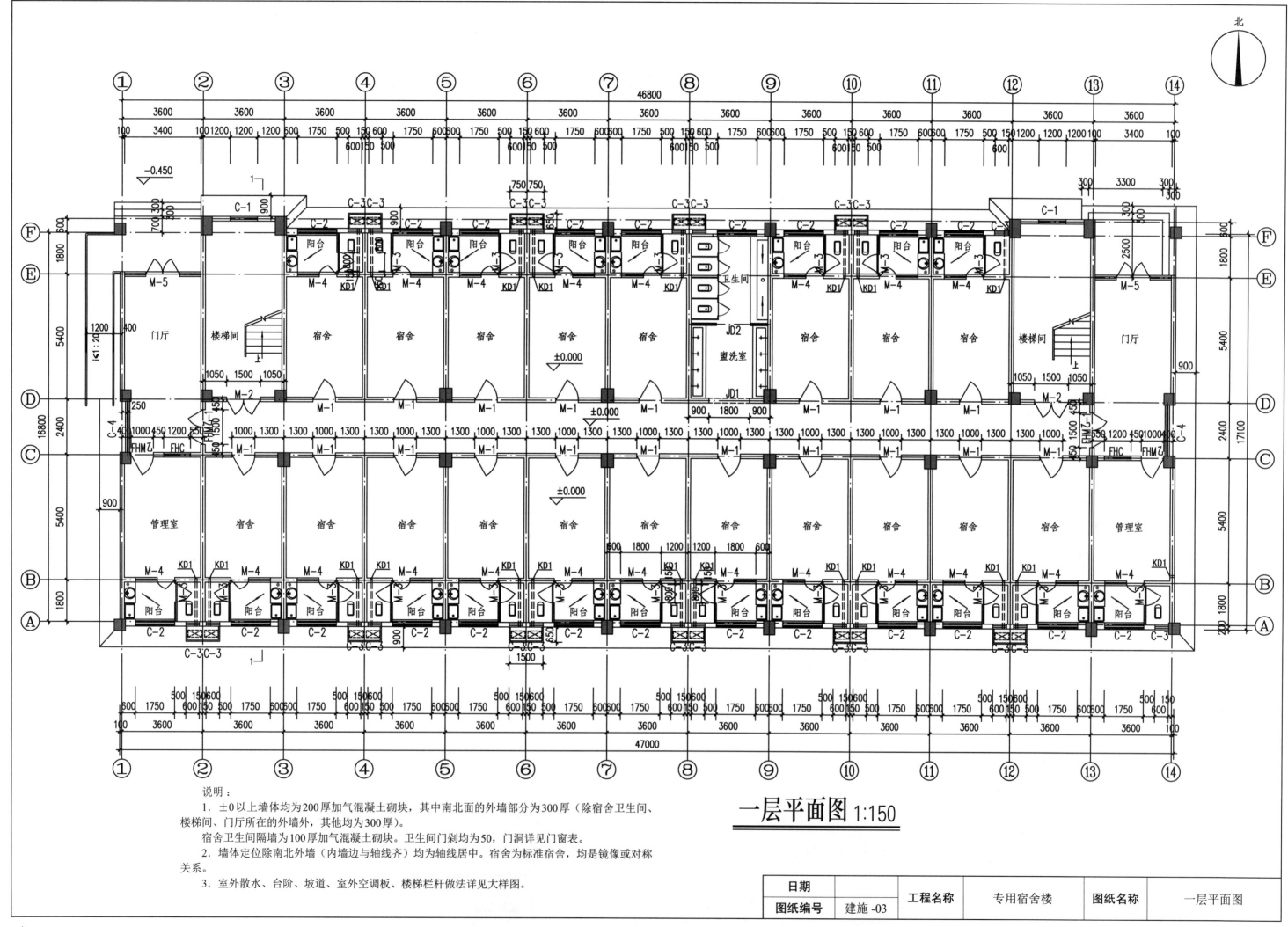

一层平面图 1:150

说明：
1. ±0 以上墙体均为 200 厚加气混凝土砌块，其中南北面的外墙部分为 300 厚（除宿舍卫生间、楼梯间、门厅所在的外墙外，其他均为 300 厚）。
宿舍卫生间隔墙为 100 厚加气混凝土砌块。卫生间门剁均为 50，门洞详见门窗表。
2. 墙体定位除南北外墙（内墙边与轴线齐）均为轴线居中。宿舍为标准宿舍，均是镜像或对称关系。
3. 室外散水、台阶、坡道、室外空调板、楼梯栏杆做法详见大样图。

日期		工程名称	专用宿舍楼	图纸名称	一层平面图
图纸编号	建施 -03				

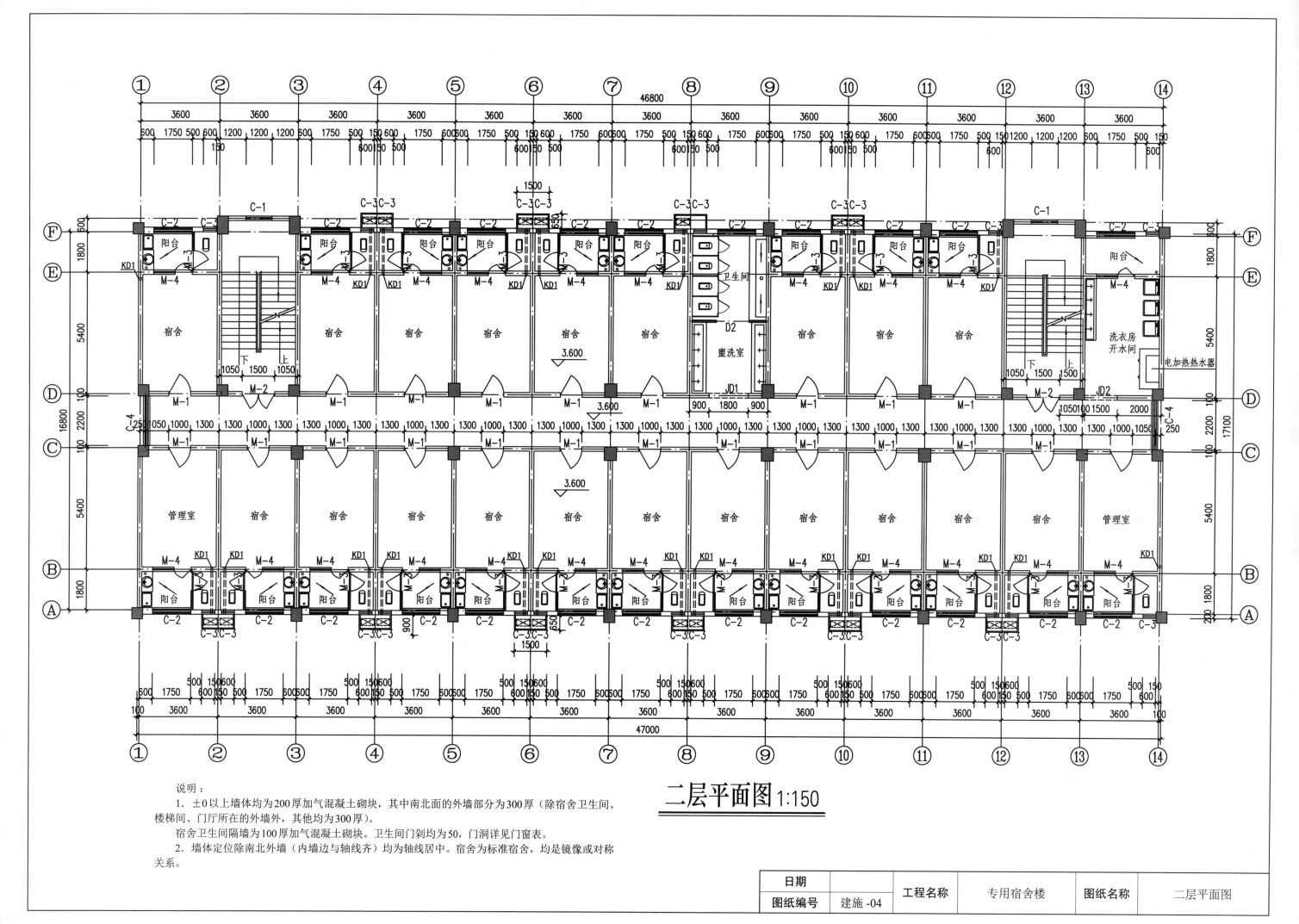

说明：
1. ±0以上墙体均为200厚加气混凝土砌块，其中南北面的外墙部分为300厚（除宿舍卫生间、楼梯间、门厅所在的外墙外，其他均为300厚）。
宿舍卫生间隔墙为100厚加气混凝土砌块。卫生间门剁均为50，门洞详见门窗表。
2. 墙体定位除南北外墙（内墙边与轴线齐）均为轴线居中。宿舍为标准宿舍，均是镜像或对称关系。

二层平面图 1:150

日期		工程名称	专用宿舍楼	图纸名称	二层平面图
图纸编号	建施-04				

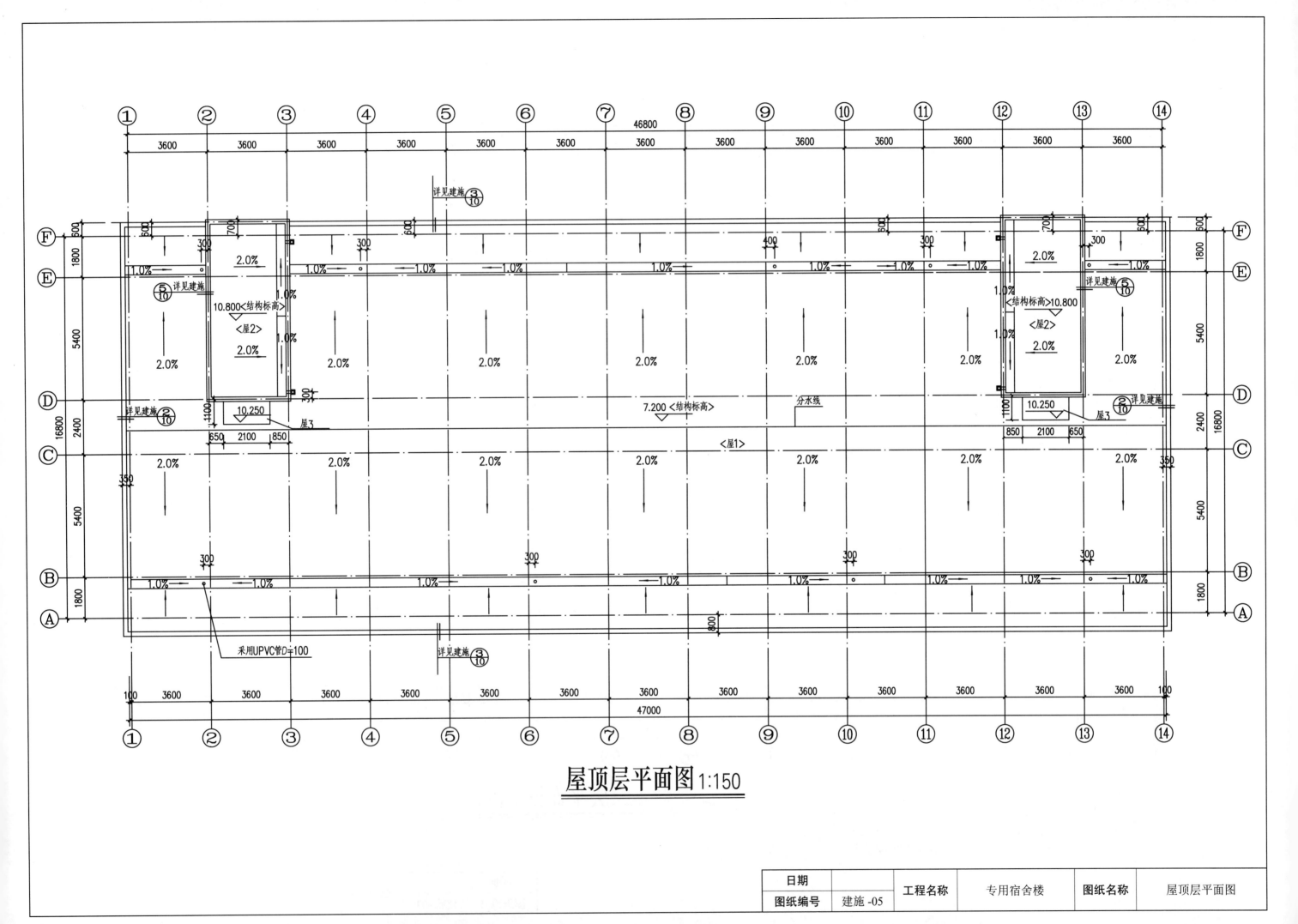

屋顶层平面图 1:150

日期		工程名称	专用宿舍楼	图纸名称	屋顶层平面图
图纸编号	建施-05				

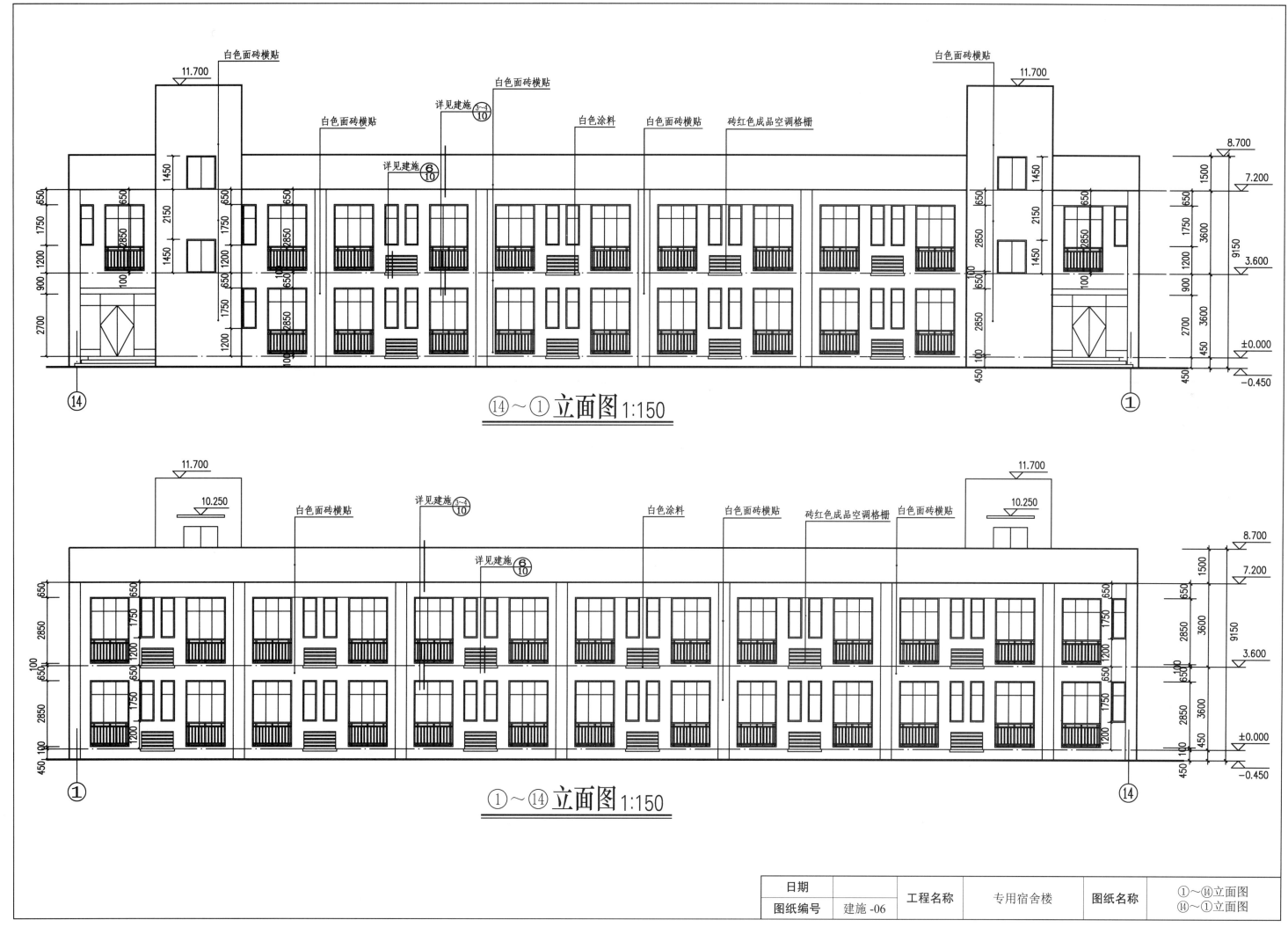

⑭~① 立面图 1:150

①~⑭ 立面图 1:150

白色面砖横贴

详见建施 ③~④/⑩

详见建施 ⑥/⑩

白色涂料

白色面砖横贴

砖红色成品空调格栅

白色面砖横贴

日期		工程名称	专用宿舍楼	图纸名称	①~⑭立面图
图纸编号	建施-06				⑭~①立面图

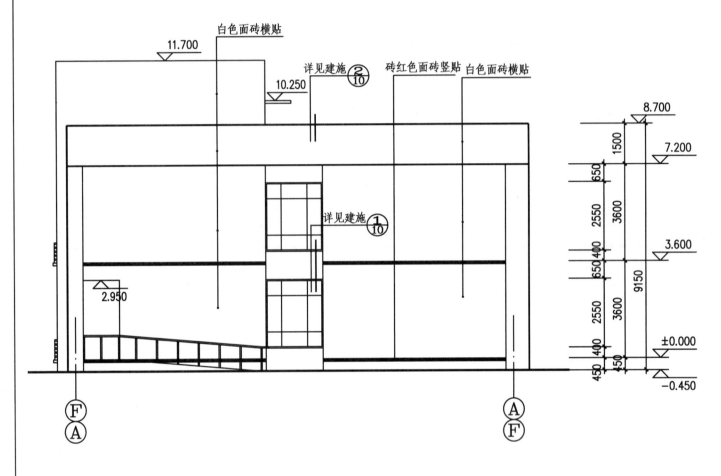

白色面砖横贴
11.700
详见建施 $\frac{2}{10}$
砖红色面砖竖贴   白色面砖横贴
10.250

详见建施 $\frac{5}{10}$
屋面2
10.250
屋面3

8.700
1500
650
7.200
2550   3600   9150
650   400
3.600
2550   3600
±0.000
400   450   450
−0.450

详见建施 $\frac{1}{10}$

2.950

$\overset{F}{A}$ $\overset{A}{F}$

$⑤~Ⓐ(Ⓐ~Ⓕ)$ 立面图 1:150

栏杆做法详见大样图

屋面1
7.200
2700   2700   3600
3.600
2700   2700
±0.000
2200   2200   2200
1800   1800   1800
1800
400   2200
一步分   一步分   一步分

5.400
1.800

11.700
900   900
10.800
2150   3600
1450
7.200
2150   3600   12150
1450
3.600
3600
±0.000
450   450
−0.450

Ⓐ Ⓑ   Ⓒ   Ⓓ   Ⓕ
1800   5400   2400   2000   300X11=3300   1900   600
16800   600

1—1剖面图 1:150

屋面1做法：
保护层：40厚C20混凝土内配 $\phi4$ 双向钢筋网@150×150。
防水层：3+3SBS卷材防水层（防水卷材上翻500）。
找平层：20厚1：3水泥砂浆找平层，内掺丙烯或锦纶。
保温层：160厚岩棉保温层。
找坡层：1：8膨胀珍珠岩找坡最薄处20厚。
结构层：钢混凝土板。

屋面2做法：
防水层：3+3SBS卷材防水层（防水卷材上翻500）。
找平层：20厚1：3水泥砂浆找平层，内掺丙烯或锦纶。
保温层：160厚岩棉保温层。
找坡层：1：8膨胀珍珠岩找坡最薄处20厚。
结构层：钢混凝土板。

屋面3做法：
1. 20厚1：2水泥砂浆保护层。
2. 1.5厚聚氨酯防水涂膜一道。
3. 1：3水泥砂浆找2%坡（最薄处砂浆中掺锦纶纤维）。
4. 10厚STP-A保温材料钢筋混凝土板。

外墙做法1：外墙饰面砖外墙面做法
1. 1：1水泥砂浆（细沙）勾缝。
2. 贴8～10厚白色（或红色）外墙饰面砖（粘贴前先将墙砖用水浸湿）。
3. 8厚1：2建筑胶水泥砂浆黏结层。
4. 刷素水泥砂浆一道。
5. 外保温系统抹面层完成面。

外墙做法2：外墙涂料外墙面做法
1. 白色涂料。
2. 12厚1：2.5水泥砂浆打底。
3. 刷素水泥砂浆一道。
4. 5厚1：3水泥砂浆打底扫毛。
5. 刷聚合物水泥砂浆一道。

日期		工程名称	专用宿舍楼	图纸名称	⑤~Ⓐ（Ⓐ~Ⓕ）立面图
图纸编号	建施-07				1—1剖面图

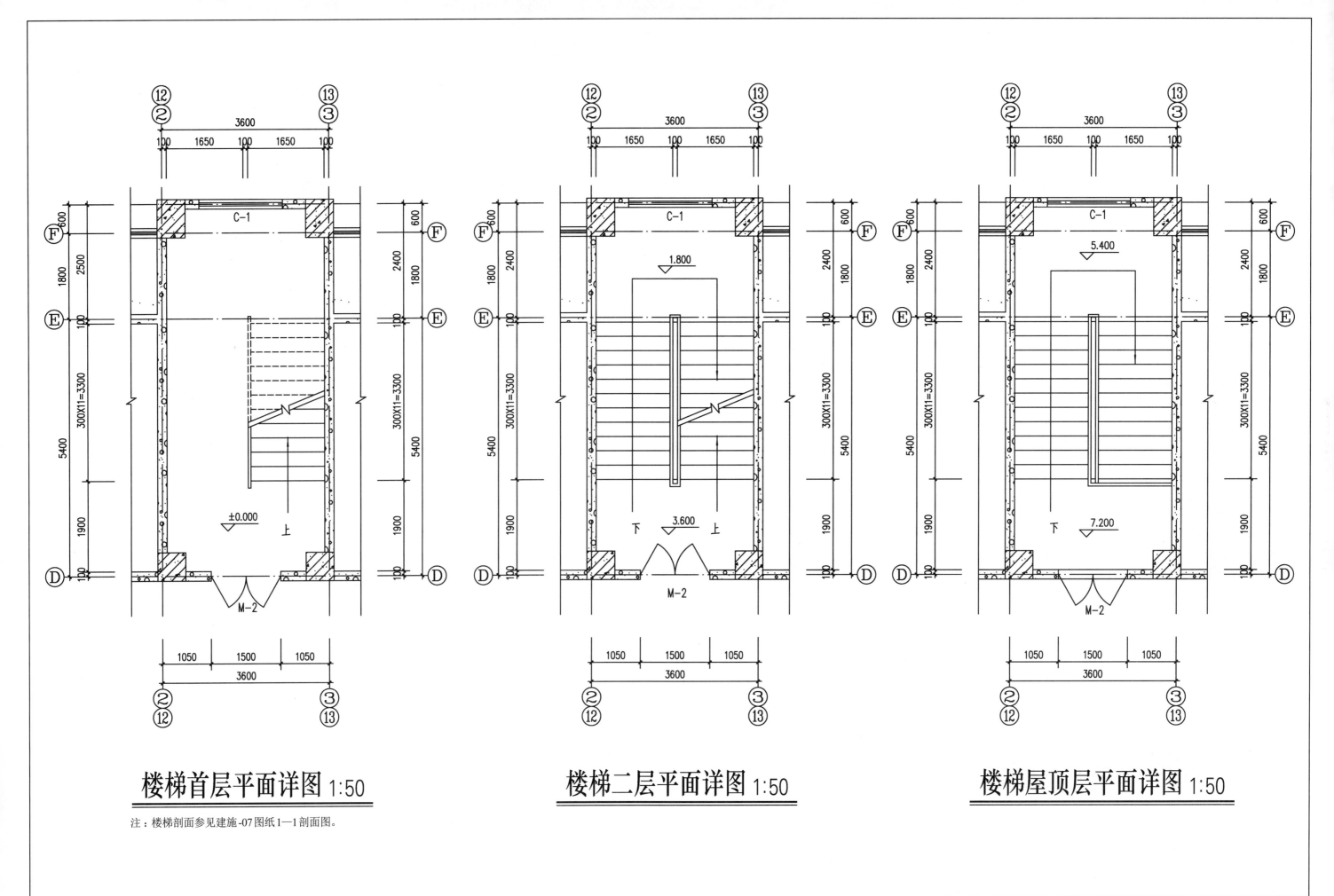

楼梯首层平面详图 1:50

注：楼梯剖面参见建施-07图纸1—1剖面图。

楼梯二层平面详图 1:50

楼梯屋顶层平面详图 1:50

日期		工程名称	专用宿舍楼	图纸名称	楼梯详图
图纸编号	建施-08				

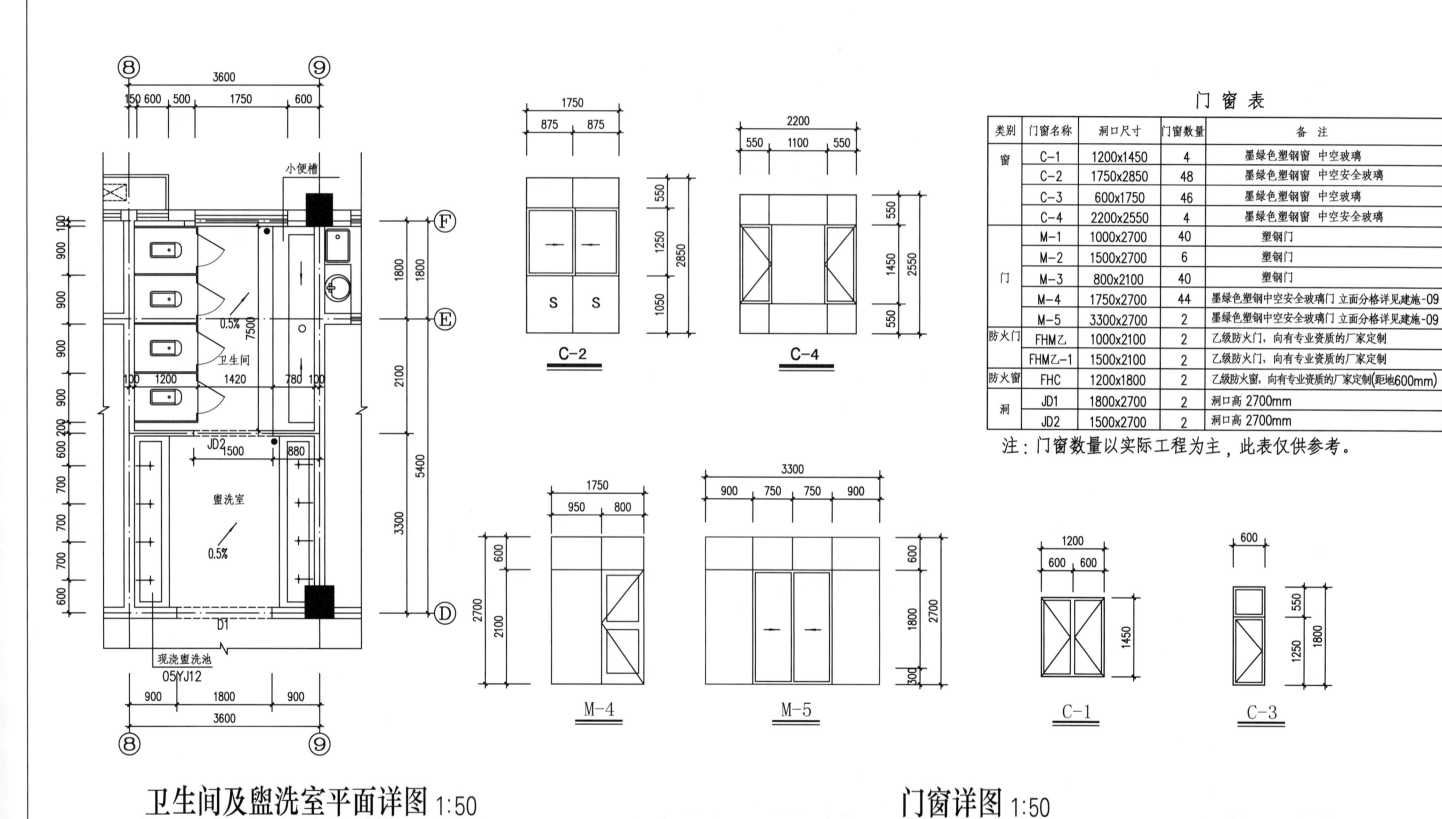

门 窗 表

类别	门窗名称	洞口尺寸	门窗数量	备 注
窗	C-1	1200x1450	4	墨绿色塑钢窗 中空玻璃
	C-2	1750x2850	48	墨绿色塑钢窗 中空安全玻璃
	C-3	600x1750	46	墨绿色塑钢窗 中空玻璃
	C-4	2200x2550	4	墨绿色塑钢窗 中空安全玻璃
门	M-1	1000x2700	40	塑钢门
	M-2	1500x2700	6	塑钢门
	M-3	800x2100	40	塑钢门
	M-4	1750x2700	44	墨绿色塑钢中空安全玻璃门 立面分格详见建施-09
	M-5	3300x2700	2	墨绿色塑钢中空安全玻璃门 立面分格详见建施-09
防火门	FHM乙	1000x2100	2	乙级防火门，向有专业资质的厂家定制
	FHM乙-1	1500x2100	2	乙级防火门，向有专业资质的厂家定制
防火窗	FHC	1200x1800	2	乙级防火窗，向有专业资质的厂家定制(距地600mm)
洞	JD1	1800x2700	2	洞口高2700mm
	JD2	1500x2700	2	洞口高2700mm

注：门窗数量以实际工程为主，此表仅供参考。

卫生间及盥洗室平面详图 1:50

门窗详图 1:50

日期		工程名称	专用宿舍楼	图纸名称	卫生间详图 门窗详图
图纸编号	建施-09				

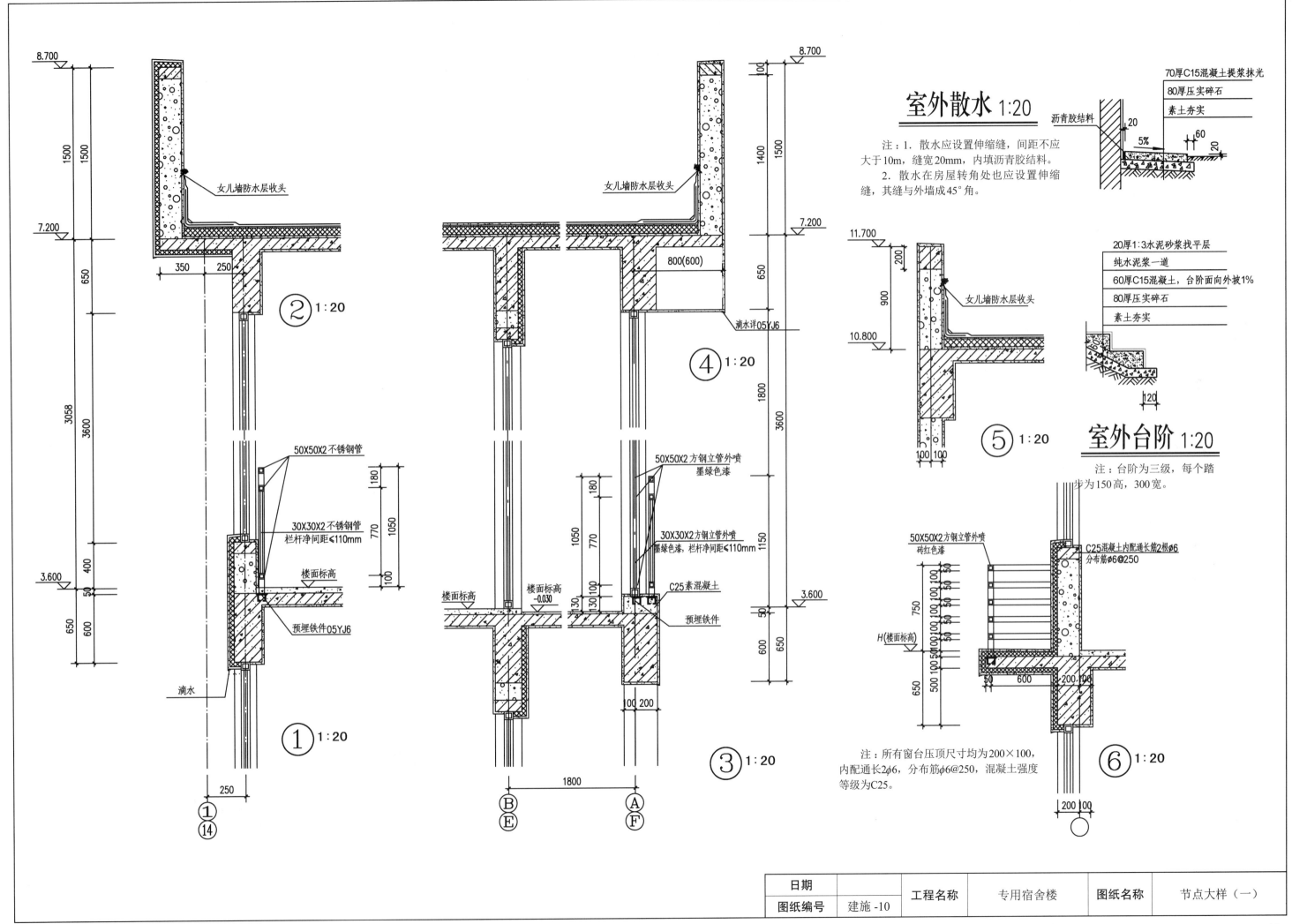

室外散水 1:20

70厚C15混凝土提浆抹光
80厚压实碎石
素土夯实
沥青胶结料

注：1. 散水应设置伸缩缝，间距不应大于10m，缝宽20mm，内填沥青胶结料。
2. 散水在房屋转角处也应设置伸缩缝，其缝与外墙成45°角。

女儿墙防水层收头

20厚1:3水泥砂浆找平层
纯水泥浆一道
60厚C15混凝土，台阶面向外坡1%
80厚压实碎石
素土夯实

⑤ 1:20

室外台阶 1:20

注：台阶为三级，每个踏步为150高，300宽。

② 1:20
① 1:20
③ 1:20
④ 1:20
⑥ 1:20

女儿墙防水层收头
滴水详05YJ6
800(600)

50X50X2不锈钢管
30X30X2不锈钢管
栏杆净间距≤110mm
楼面标高
预埋铁件05YJ6
滴水

50X50X2方钢立管外喷墨绿色漆
30X30X2方钢立管外喷墨绿色漆，栏杆净间距≤110mm
C25素混凝土
楼面标高
楼面标高 -0.030
预埋铁件

50X50X2方钢立管外喷砖红色漆
C25混凝土内配通长筋2根φ6
分布筋φ6@250
H(楼面标高)

注：所有窗台压顶尺寸均为200×100，内配通长2φ6，分布筋φ6@250，混凝土强度等级为C25。

日期		工程名称	专用宿舍楼	图纸名称	节点大样（一）
图纸编号	建施-10				

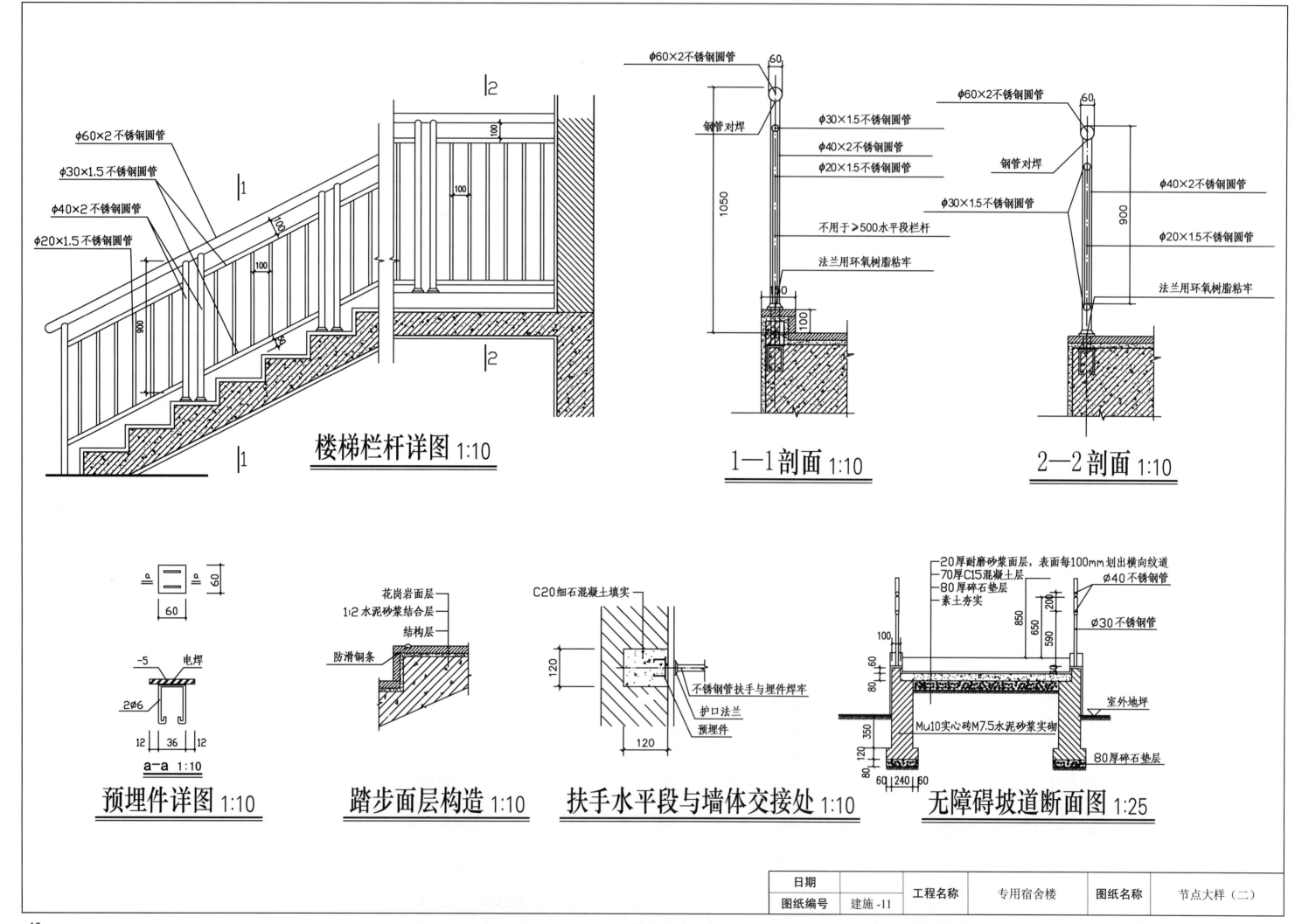

φ60×2不锈钢圆管
φ30×1.5不锈钢圆管
φ40×2不锈钢圆管
φ20×1.5不锈钢圆管

楼梯栏杆详图 1:10

φ60×2不锈钢圆管
钢管对焊
φ30×1.5不锈钢圆管
φ40×2不锈钢圆管
φ20×1.5不锈钢圆管
不用于≥500水平段栏杆
法兰用环氧树脂粘牢

1—1剖面 1:10

φ60×2不锈钢圆管
钢管对焊
φ40×2不锈钢圆管
φ30×1.5不锈钢圆管
φ20×1.5不锈钢圆管
法兰用环氧树脂粘牢

2—2剖面 1:10

电焊
2φ6

预埋件详图 1:10

花岗岩面层
1:2水泥砂浆结合层
结构层
防滑铜条

踏步面层构造 1:10

C20细石混凝土填实
不锈钢管扶手与埋件焊牢
护口法兰
预埋件

扶手水平段与墙体交接处 1:10

20厚耐磨砂浆面层，表面每100mm划出横向纹道
70厚C15混凝土层
80厚碎石垫层
素土夯实
φ40不锈钢管
φ30不锈钢管
室外地坪
Mu10实心砖M7.5水泥砂浆实砌
80厚碎石垫层

无障碍坡道断面图 1:25

日期		工程名称	专用宿舍楼	图纸名称	节点大样（二）
图纸编号	建施-11				

结构设计总说明（一）

一、工程概况

1. 本工程为专业宿舍楼工程（不可指导施工）。
2. 本工程地上主体共2层。屋面标高为7.200m，室内外高差0.45m。
3. 本工程设计 ±0.000 标高所对应的绝对高程详见建施。
4. 本工程采用现浇钢筋混凝土框架结构，基础为钢筋混凝土基础。

二、设计依据

1. 相关部门主管的审批文件。
2. 《建筑结构可靠度设计统一标准》（GB 50068—2001）
《建筑工程抗震设防分类标准》（GB 50223—2008）
《建筑抗震设计规范》（GB50011—2010）
《建筑结构荷载规范》（GB 50009—2010）
《混凝土结构设计规范》（GB50010—2010）
《建筑地基基础设计规范》（GB 50007—2011）
《建筑地基处理技术规范》（JGJ 79—2012）
《全国民用建筑工程设计技术措施——混凝土（结构）》（2009 JSCS-2-3）
《建筑变形测量规范》（JGJ 8—2007）
本工程按国家设计标准进行设计，施工时除应遵守本说明及各设计图纸说明外，尚应严格执行现行国家及地方的有关规范或规程。

三、设计标准

1. 本工程设计使用年限为50年。
2. 本工程建筑结构安全等级为二级，本工程建筑抗震设防分类属乙类建筑。
3. 建筑抗震设防烈度为7度，设计基本地震加速度值为0.10g，所属的设计地震分组为第二组。结构抗震等级为三级，抗震构造措施为二级。
4. 地基基础设计等级为乙级。
5. 砌体填充墙施工质量控制等级为B级。
6. 本工程设计环境类别：室内正常环境为一类；卫生间水箱间等室内潮湿环境为二a类；基础、室外外露构件、地下室外墙、有覆土的地下室顶板等直接与土或无侵蚀的水直接接触的部分为二b类环境。相应环境类别下梁、板、柱、剪力墙及基础等各构件的混凝土保护层厚度详见本页附表。

四、基本设计参数

1. 楼面设计使用活荷载标准值
宿舍（除阳台）：2.00kN/m²。
走廊、阳台：2.50kN/m²。
公共楼梯（按有密集人流）：3.50kN/m²。
2. 屋面设计使用活荷载标准值
上人屋面：2.00kN/m²。
不上人屋面：0.50kN/m²。
3. 基本风压（按50年基准期，地面粗糙度为B类）：0.45kN/m²。
4. 基本雪压：0.40kN/m²。
5. 阳台、露台、楼梯及上人屋面栏杆顶部水平活荷载：1.0kN/m²。
6. 屋顶电梯吊钩的设计荷载为30kN。
7. 施工或检修集中荷载：1.0kN（应在最不利位置处进行演算）。

五、地基与基础工程

1. 本工程场地地貌单元为山前冲洪积倾斜平原，地势平坦。
2. 本工程基础为阶型独立基础，具体设计详基础平面图。
3. 本工程勘查范围内（40.0m）未见地下水。

六、建筑材料

1. 混凝土强度等级见下表。

混凝土强度等级

构件类型	混凝土等级
基础垫层	C15
基础、框架柱、结构梁板、楼梯	C30
构造柱、过梁、圈梁	C25

2. 钢筋

（1）HPB235（φ），f_y=270N/mm²；HRB335（Φ），f_y=300N/mm²；HRB400（Φ），f_y=360N/mm²；本工程中均无特殊说明外均采用三级钢筋。

（2）型钢及钢板，除注明外均为Q235B。焊接用焊条及焊接要求均应符合《钢筋焊接及验收规范》（JGJ 18—2012）的规定。

（3）吊钩、吊环均应采用HPB235钢筋，不得采用冷加工钢筋。

（4）本工程框架中的纵向受力钢筋的抗拉强度实测值与屈服强度实测值的比值不应小于1.25，且屈服强度实测值与强度标准值的比值不应大于1.3。

（5）钢筋在最大拉力下的总伸长率实测值不应小于9%。

3. 填充墙

（1）砌块：±0.000以上采用加气混凝土砌块（体积密度级别为B06，强度级别为A3.5）。
±0.000以下采用烧结煤矸石实心砖。

（2）砂浆：地面以下及卫生间四周砌体砂浆为M5水泥砂浆。其他均为M5混合砂浆。

七、通用性构造措施

1. 纵向受力钢筋混凝土保护层厚度
基础受力钢筋保护层50mm，其他参见下表。

墙、梁、板、柱保护层厚度

环境类别		板、墙		梁		柱	
		C20	C25 ～ C45	C20	C25 ～ C45	C20	C25 ～ C45
一		20	15	30	25	30	30
二	a	—	20	—	30	—	30
	b	—	25	—	35	—	35

注：保护层厚度尚不应小于相应构件受力钢筋的公称直径；板、墙中分布筋护层厚按上表减10mm，且不应小于10mm；柱中箍筋不应小于15mm；基础中受力钢筋，除地下室筏板及防水底板的迎水面为50mm外，其他有垫层时为40mm，无垫层时为70mm。

日期		工程名称	专用宿舍楼	图纸名称	结构设计总说明（一）
图纸编号	结施-01				

结构设计总说明（二）

2．关于钢筋锚固连接

（1）钢筋的接头设置在构件受力较小部位宜避开梁端、柱端箍筋架密区范围，钢筋连接可采用机械连接、绑扎搭接或焊接。其接头的类型及质量应符合国家现行有关标准的规定。

（2）板内钢筋优先采用搭接接头；梁柱纵筋优先采用机械连接接头，机械连接接头性能等级为Ⅱ级。

（3）钢筋直径不小于22mm时，应采用机械连接或焊接。

3．板构造要求

（1）板配筋中，板负筋的表示方法见板配筋图。

（2）板的底部钢筋伸入支座长度应≥5d，且应伸至支座中心线。当板面高差≤30mm时，板负筋可在支座范围内按1：6弯折连通；当板面高差＞30mm时，板负筋应在支座处断开各自锚固。

（3）双向板的底部钢筋，短跨钢筋置于下排，长跨钢筋置于上排。跨度大于4.0m的板施工时应按规范要求起拱。

（4）现浇板负筋的分布筋：当受力钢筋直径<12时为ϕ6@250；当受力钢筋直径≥12时为ϕ8@250。

（5）当板底与梁底平时，板的下部钢筋伸入梁内须弯折后置于梁的下部纵向钢筋上。

（6）混凝土现浇板内需预埋管道时，其管道应位于板厚度中部1/3范围内，以防止因埋管造成的混凝土现浇板裂缝。当板内埋管处板面没有钢筋时，应沿埋管方向增设450宽ϕ6@150钢筋网片。

（7）对于外露的现浇钢筋混凝土女儿墙、挂板、栏板、檐口等构件，当其水平直线长度超12m时，设分隔缝一道（水平钢筋不得截断），缝宽20mm，用油膏做嵌缝处理。

（8）悬挑板悬挑阳角放射筋，除注明外，放射筋直径取两方向受力钢筋的大值，放射筋最宽处间距不大于两方向受力钢筋较小间距的2倍。悬挑板阴角附加筋为3ϕ10。

（9）填充墙砌于板上时，该处板底应设加强筋，图中未注明的，当板跨度不大于2.5m时设2ϕ12，当板跨大于2.50m用小于4.80m时设3ϕ12。加强筋应锚固于两端支座内。

4．梁、柱构造要求

（1）主次梁高度相同时，（基础梁除外）次梁下部纵筋置于主梁下部纵筋之上，详见二层梁配筋图。

（2）主次梁相交处均应在主梁上（次梁两侧）设置附加筋，未注明附加箍筋为每边3根，间距50，直径、肢数同梁箍筋。高度相同的次梁相交时，附加筋双向设置。

（3）梁与等宽剪力墙连接时纵筋应弯折伸入墙内。

（4）对跨度≥4m的现浇钢筋混凝土梁施工时按有关规程要求施工起拱。

5．预留洞（预埋套管）构造要求

（1）现浇板开洞≤300mm时，受力钢筋应绕过洞口；开洞＞300mm但≤1000mm时，应设补强钢筋，规格相应图纸。

各设备管井（除风道外）在楼层处，板内配筋不得截断，待设备及管线安装完毕后采用同强度等级混凝土浇筑。

（2）混凝土墙上开洞不大于200mm（边长或直径）时，受力钢筋应绕过洞口。

（3）梁上穿梁套管构造大样详见图一。水电等设备管道竖直埋在梁内时，埋管沿梁长度方向单列布置，管外径d＜b/6；双列布置时，d＜b/12；埋管最大直径d＜50；构造大样详见图二。

（4）墙、梁上穿洞时均需预埋钢套管，套管壁厚不得小于6mm。所有预埋钢套管之间的净距不得小于一个管径且不小于150。

（5）混凝土结构施工前应对各类预埋管线、预留洞、预埋件位置与各专业图纸加以校对，认真检查核对，并由设备施工安装人员验收后方可施工。结施中未注明位置、标高及数量的预留洞应参考设施图，并经结构专业同意后方可施工，不得随意预留和事后穿凿。

6．填充墙

（1）各类填充墙与混凝土柱、墙间均设置ϕ6@500锚拉筋，锚拉筋伸入墙内长度不小于墙长的1/5且不小于700。当填充墙高度超过4m时，应在填充墙高度的中部或门窗洞口顶部设置墙厚×墙厚并与混凝土柱连接的通长钢筋混凝土水平系梁，主筋4ϕ10，箍筋ϕ6@200。

（2）构造柱：填充墙构造柱除各层平面图所示外，悬墙端头位置、外墙转角（无剪力处）位置、墙长超过层高2倍的墙中位置均增加构造柱，构造柱截面为墙厚200，主筋为4ϕ10，箍筋为ϕ6@200。详见图三。

（3）过梁：门窗洞口均设置过梁，过梁为现浇过梁。

过梁遇混凝土墙、柱时，改为现浇过梁，钢筋应预留。详见图四。

八、其他

1．栏杆、建筑构件预埋件详见建施。

2．本工程边缘构件及基础的部分钢筋为防雷接地的引下线及接地极，具体位置及要求详见电施。

3．图纸中除注明者外，尺寸单位为mm，标高单位为m。

4．图纸中未尽事宜，均按国家现行有关规范规程要求。

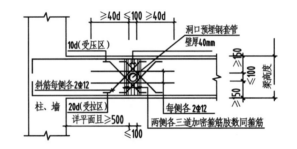

图一　穿梁套管加强大样

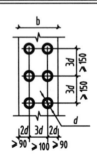

图二　梁上垂直埋管间距平面图

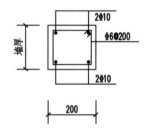

图三　构造柱截面图

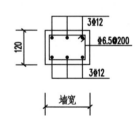

图四　过梁截面图

梁长=洞宽+250
梁宽同墙宽过梁配筋

结构楼层信息表

楼层	类型	标高	结构层高	单位	备注
首层		−0.050	3.6	m	−0.050为梁顶标高
二层		3.550	3.6	m	
屋顶层		7.15	3.6	m	
楼梯屋顶层		10.75			

日期		工程名称	专用宿舍楼	图纸名称	结构设计总说明（二）
图纸编号	结施-02				

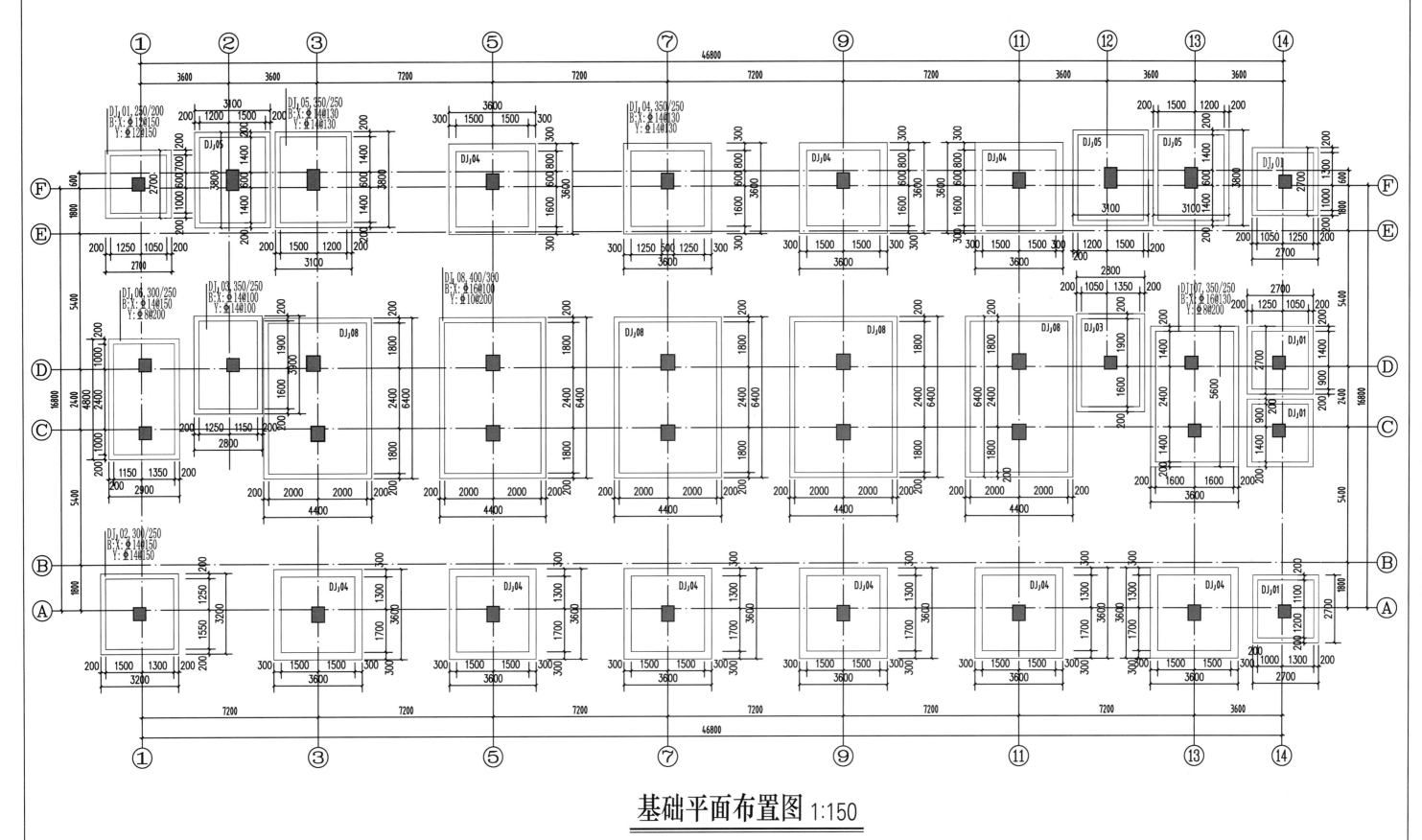

基础平面布置图 1:150

注：1. 本工程采用钢筋混凝土阶型（两阶）基础，基础底标高均为-2.450m。

2. 混凝土基础底板下设100厚C15素混凝土垫层，每边宽出基础边100。

日期		工程名称	专用宿舍楼	图纸名称	基础平面布置图
图纸编号	结施-03				

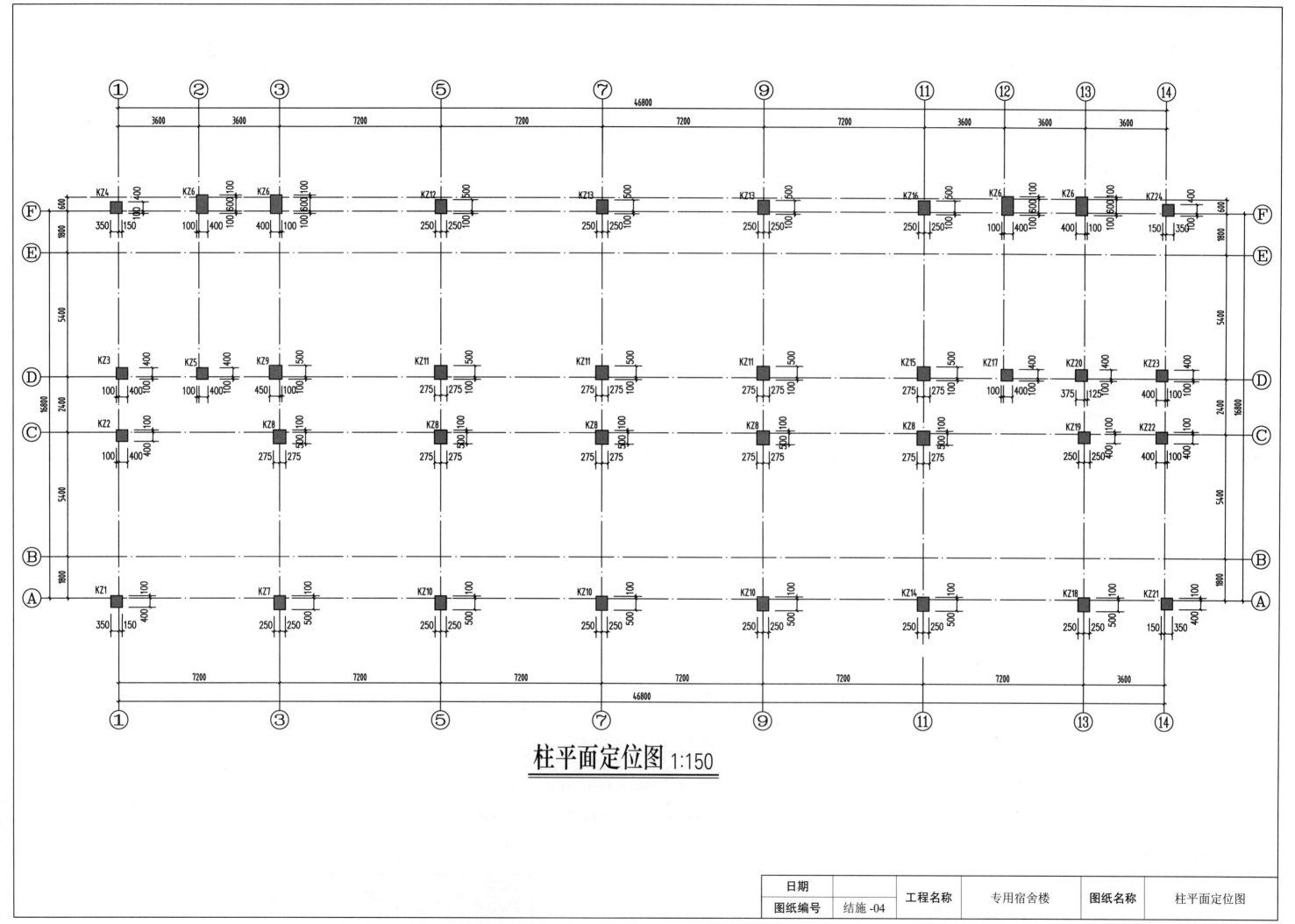

柱平面定位图 1:150

日期		工程名称	专用宿舍楼	图纸名称	柱平面定位图
图纸编号	结施-04				

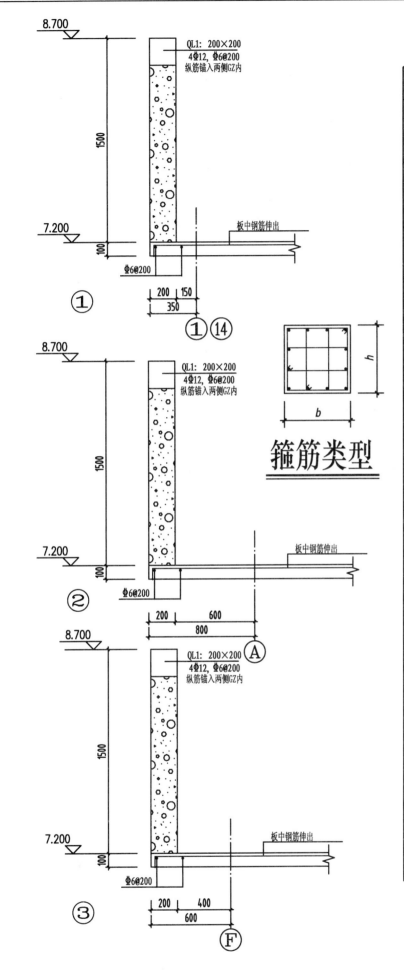

箍筋类型

柱配筋表

柱号	标高/m	截面尺寸/(mm×mm)	角筋	b边一侧中部筋	h边一侧中部筋	箍筋类型号	箍筋	备注
KZ1	基础顶~-0.050	500×500	4Φ22	2Φ22	2Φ22	1.(4X4)	Φ10@100	
	-0.050~3.550	500×500	4Φ22	2Φ22	2Φ22	1.(4X4)	Φ8@100	
	3.550~7.15	500×500	4Φ22	2Φ22	2Φ22	1.(4X4)	Φ8@100	
KZ2	基础顶~-0.050	500×500	4Φ22	2Φ22	2Φ22	1.(4X4)	Φ10@100	
	-0.050~3.550	500×500	4Φ22	2Φ22	2Φ22	1.(4X4)	Φ8@100/150	
	3.550~7.15	500×500	4Φ22	2Φ20	2Φ20	1.(4X4)	Φ8@100/150	
KZ3	基础顶~-0.050	500×500	4Φ22	2Φ22	2Φ22	1.(4X4)	Φ10@100	
	-0.050~3.550	500×500	4Φ20	2Φ18	2Φ18	1.(4X4)	Φ8@100/150	
	3.550~7.15	500×500	4Φ18	2Φ18	2Φ18	1.(4X4)	Φ8@100/150	
KZ4	基础顶~-0.050	500×500	4Φ18	2Φ16	2Φ16	1.(4X4)	Φ10@100	
	-0.050~3.550	500×500	4Φ18	2Φ16	2Φ16	1.(4X4)	Φ8@100	
	3.550~7.15	500×500	4Φ18	2Φ16	2Φ16	1.(4X4)	Φ8@100	
KZ5	基础顶~-0.050	500×500	4Φ22	2Φ22	2Φ22	1.(4X4)	Φ10@100	
	-0.050~3.550	500×500	4Φ22	2Φ22	2Φ22	1.(4X4)	Φ8@100/150	
	3.550~10.75	500×500	4Φ20	2Φ20	2Φ18	1.(4X4)	Φ8@100/150	
KZ6	基础顶~-0.050	500×800	4Φ20	2Φ20	3Φ20	1.(4X5)	Φ12@100	
	-0.050~3.550	500×800	4Φ20	2Φ20	3Φ20	1.(4X5)	Φ8@100	
	3.550~10.75	500×800	4Φ20	2Φ20	3Φ20	1.(4X5)	Φ8@100	
KZ7	基础顶~-0.050	500×600	4Φ25	2Φ25	3Φ22	1.(4X4)	Φ10@100	
	-0.050~3.550	500×600	4Φ25	2Φ25	3Φ22	1.(4X4)	Φ8@100/200	
	3.550~7.15	500×600	4Φ20	2Φ20	2Φ20	1.(4X4)	Φ8@100/200	
KZ8	基础顶~-0.050	550×600	4Φ20	2Φ18	2Φ18	1.(4X4)	Φ12@100	
	-0.050~3.550	550×600	4Φ20	2Φ18	2Φ18	1.(4X4)	Φ8@100/150	
	3.550~7.15	550×600	4Φ20	2Φ18	2Φ18	1.(4X4)	Φ8@100/150	
KZ9	基础顶~-0.050	550×600	4Φ20	2Φ18	2Φ18	1.(4X4)	Φ12@100	
	-0.050~3.550	550×600	4Φ20	2Φ18	2Φ18	1.(4X4)	Φ8@100/150	
	3.550~10.75	550×600	4Φ20	2Φ18	2Φ18	1.(4X4)	Φ8@100/150	
KZ10	基础顶~-0.050	500×600	4Φ25	2Φ22	2Φ25	1.(4X4)	Φ10@100	
	-0.050~3.550	500×600	4Φ25	2Φ22	2Φ25	1.(4X4)	Φ8@100/150	
	3.550~7.15	500×600	4Φ20	2Φ16	2Φ16	1.(4X4)	Φ8@100/150	
KZ11	基础顶~-0.050	550×600	4Φ20	2Φ18	2Φ18	1.(4X4)	Φ12@100	
	-0.050~3.550	550×600	4Φ20	2Φ18	2Φ18	1.(4X4)	Φ8@100/150	
	3.550~7.15	550×600	4Φ20	2Φ18	2Φ18	1.(4X4)	Φ8@100/150	
KZ12	基础顶~-0.050	500×600	4Φ25	2Φ20	2Φ22	1.(4X4)	Φ10@100	
	-0.050~3.550	500×600	4Φ25	2Φ20	2Φ22	1.(4X4)	Φ8@100/150	
	3.550~7.15	500×600	4Φ20	2Φ16	2Φ16	1.(4X4)	Φ8@100/150	

柱配筋表

柱号	标高/m	截面尺寸/(mm×mm)	角筋	b边一侧中部筋	h边一侧中部筋	箍筋类型号	箍筋	备注
KZ13	基础顶~-0.050	500×600	4Φ22	2Φ20	2Φ22	1.(4X4)	Φ10@100	
	-0.050~3.550	500×600	4Φ22	2Φ20	2Φ22	1.(4X4)	Φ8@100/150	
	3.550~7.15	500×600	4Φ20	2Φ16	2Φ16	1.(4X4)	Φ8@100/150	
KZ14	基础顶~-0.050	500×600	4Φ25	2Φ25	2Φ25	1.(4X4)	Φ10@100	
	-0.050~3.550	500×600	4Φ25	2Φ25	2Φ25	1.(4X4)	Φ8@100/150	
	3.550~7.15	500×600	4Φ20	2Φ18	2Φ18	1.(4X4)	Φ8@100/150	
KZ15	基础顶~-0.050	550×600	4Φ20	2Φ18	2Φ18	1.(4X4)	Φ12@100	
	-0.050~3.550	550×600	4Φ20	2Φ18	2Φ18	1.(4X4)	Φ8@100/150	
	3.550~7.15	550×600	4Φ20	2Φ18	2Φ18	1.(4X4)	Φ8@100/150	
KZ16	基础顶~-0.050	500×600	4Φ25	2Φ22	2Φ20	1.(4X4)	Φ10@100	
	-0.050~3.550	500×600	4Φ25	2Φ22	2Φ20	1.(4X4)	Φ8@100/200	
	3.550~7.15	500×600	4Φ22	2Φ22	2Φ22	1.(4X4)	Φ8@100/200	
KZ17	基础顶~-0.050	500×500	4Φ22	2Φ22	2Φ22	1.(4X4)	Φ10@100	
	-0.050~3.550	500×500	4Φ22	2Φ22	2Φ22	1.(4X4)	Φ8@100/150	
	3.550~10.75	500×500	4Φ20	2Φ20	2Φ18	1.(4X4)	Φ8@100/150	
KZ18	基础顶~-0.050	500×600	4Φ22	2Φ22	2Φ22	1.(4X4)	Φ10@100	
	-0.050~3.550	500×600	4Φ22	2Φ22	2Φ22	1.(4X4)	Φ8@100/150	
	3.550~7.15	500×600	4Φ22	2Φ18	2Φ18	1.(4X4)	Φ8@100/150	
KZ19	基础顶~-0.050	500×500	4Φ22	2Φ22	2Φ22	1.(4X4)	Φ10@100	
	-0.050~3.550	500×500	4Φ22	2Φ22	2Φ22	1.(4X4)	Φ8@100/200	
	3.550~7.15	500×500	4Φ22	2Φ22	2Φ20	1.(4X4)	Φ8@100/200	
KZ20	基础顶~-0.050	500×500	4Φ20	2Φ18	2Φ18	1.(4X4)	Φ10@100	
	-0.050~3.550	500×500	4Φ20	2Φ18	2Φ18	1.(4X4)	Φ8@100/150	
	3.550~10.75	500×500	4Φ18	2Φ16	2Φ16	1.(4X4)	Φ8@100/150	
KZ21	基础顶~-0.050	500×500	4Φ18	2Φ18	2Φ18	1.(4X4)	Φ10@100	
	-0.050~3.550	500×500	4Φ18	2Φ18	2Φ18	1.(4X4)	Φ8@100	
	3.550~7.15	500×500	4Φ18	2Φ16	2Φ16	1.(4X4)	Φ8@100	
KZ22	基础顶~-0.050	500×500	4Φ20	2Φ18	2Φ18	1.(4X4)	Φ10@100	
	-0.050~3.550	500×500	4Φ20	2Φ18	2Φ18	1.(4X4)	Φ8@100/150	
	3.550~7.15	500×500	4Φ18	2Φ16	2Φ16	1.(4X4)	Φ8@100/150	
KZ23	基础顶~-0.050	500×500	4Φ20	2Φ18	2Φ18	1.(4X4)	Φ10@100	
	-0.050~3.550	500×500	4Φ20	2Φ18	2Φ18	1.(4X4)	Φ8@100/150	
	3.550~7.15	500×500	4Φ18	2Φ18	2Φ18	1.(4X4)	Φ8@100/150	
KZ24	基础顶~-0.050	500×500	4Φ18	2Φ18	2Φ18	1.(4X4)	Φ10@100	
	-0.050~3.550	500×500	4Φ18	2Φ18	2Φ18	1.(4X4)	Φ8@100	
	3.550~7.15	500×500	4Φ18	2Φ16	2Φ16	1.(4X4)	Φ8@100	

基础平面布置图

日期		工程名称	专用宿舍楼	图纸名称	柱配筋表
图纸编号	结施-05				

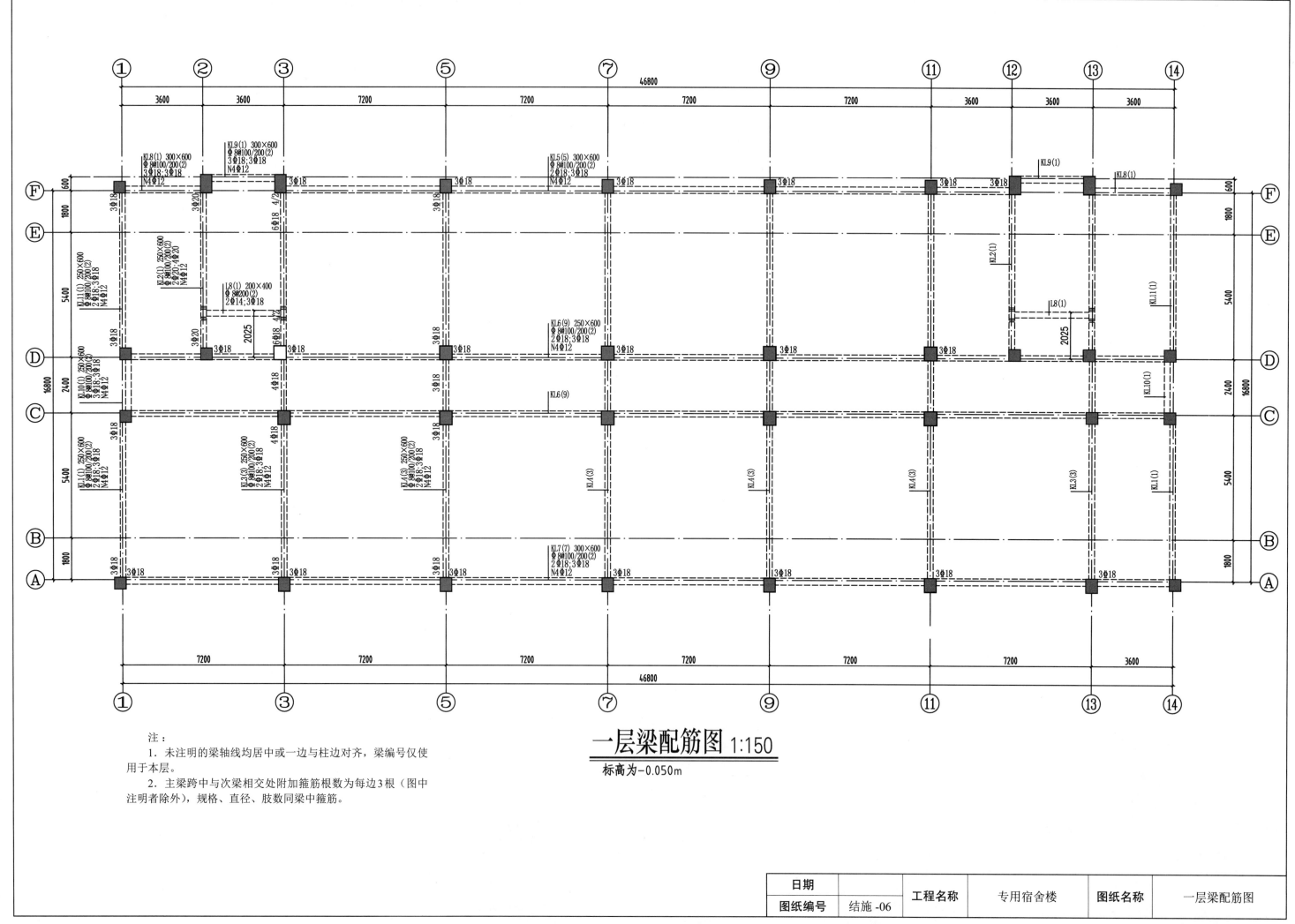

一层梁配筋图 1:150
标高为−0.050m

注：
1. 未注明的梁轴线均居中或一边与柱边对齐，梁编号仅使用于本层。
2. 主梁跨中与次梁相交处附加箍筋根数为每边3根（图中注明者除外），规格、直径、肢数同梁中箍筋。

日期		工程名称	专用宿舍楼	图纸名称	一层梁配筋图
图纸编号	结施-06				

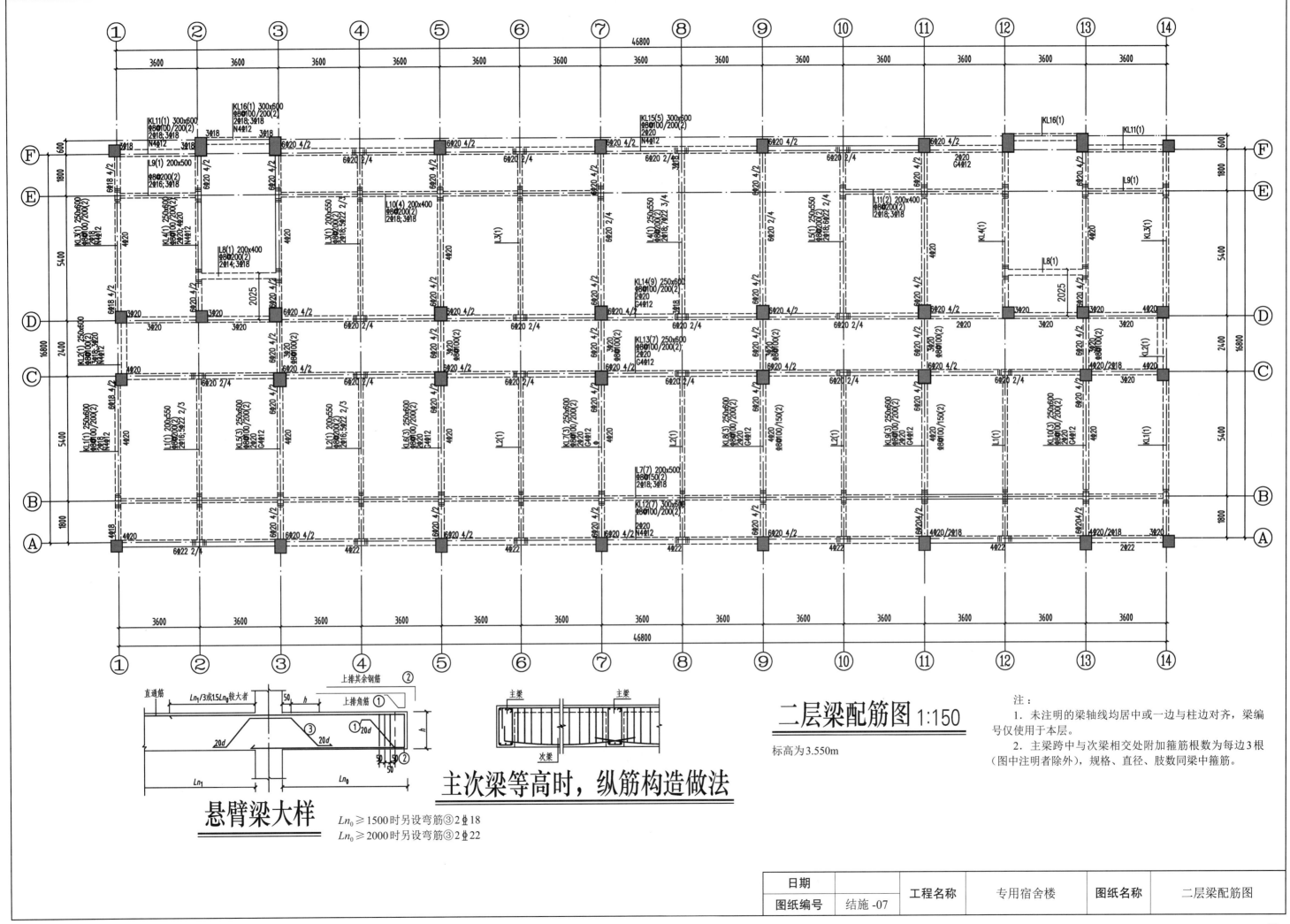

二层梁配筋图 1:150

标高为3.550m

主次梁等高时，纵筋构造做法

悬臂梁大样

$Ln_0 \geq 1500$ 时另设弯筋③2$\underline{\Phi}$18
$Ln_0 \geq 2000$ 时另设弯筋③2$\underline{\Phi}$22

注：
1. 未注明的梁轴线均居中或一边与柱边对齐，梁编号仅使用于本层。
2. 主梁跨中与次梁相交处附加箍筋根数为每边3根（图中注明者除外），规格、直径、肢数同梁中箍筋。

日期		工程名称	专用宿舍楼	图纸名称	二层梁配筋图
图纸编号	结施-07				

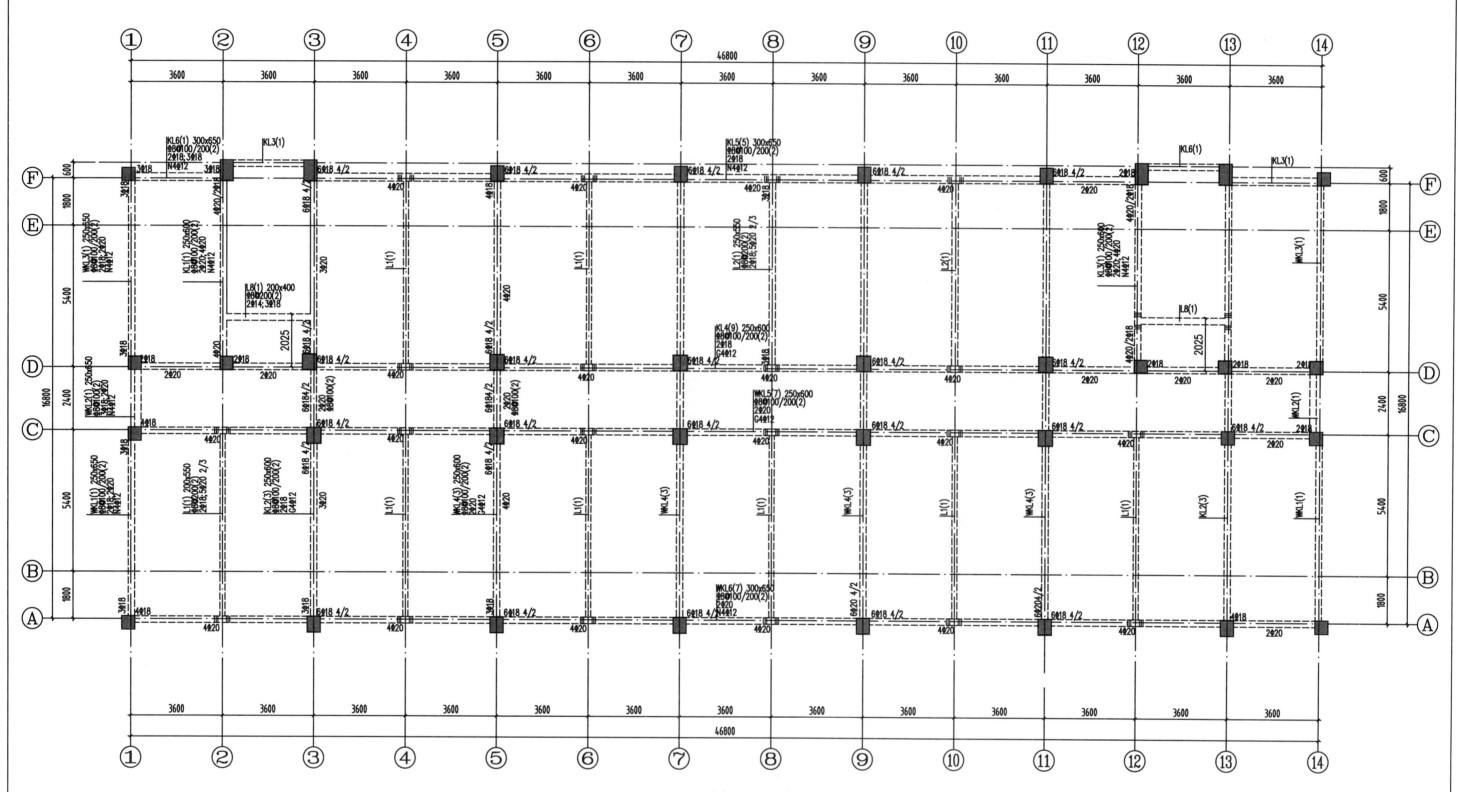

屋顶层梁配筋图 1:100

标高为7.15m

注：
1. 未注明的梁轴线均居中或一边与柱边对齐，梁编号仅使用于本层。
2. 主梁跨中与次梁相交处附加箍筋根数为每边3根（图中注明者除外），规格、直径、肢数同梁中箍筋。

日期		工程名称	专用宿舍楼	图纸名称	屋顶层梁配筋图
图纸编号	结施-08				

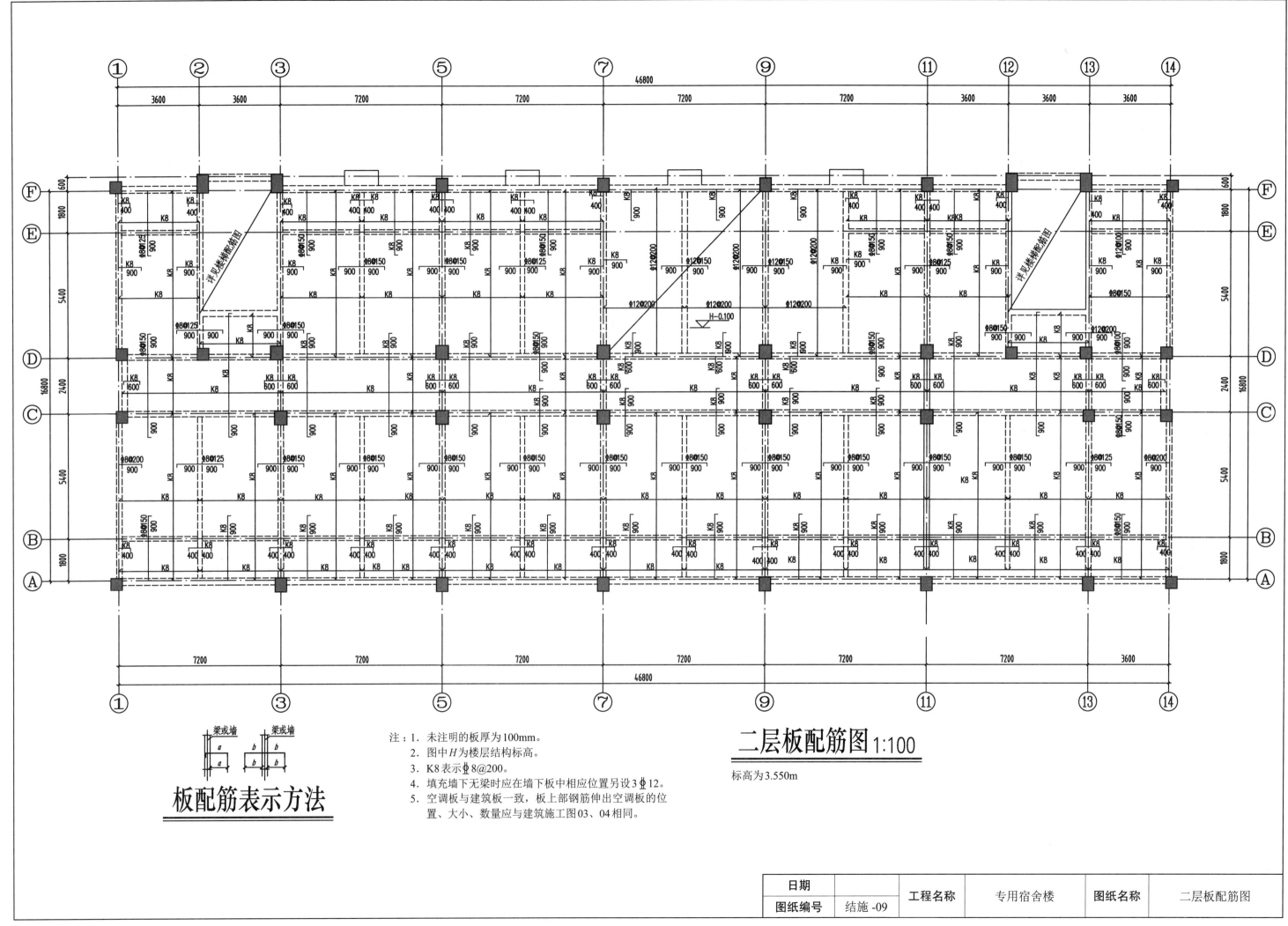

板配筋表示方法

注：1. 未注明的板厚为100mm。
2. 图中 H 为楼层结构标高。
3. K8表示 ϕ 8@200。
4. 填充墙下无梁时应在墙下板中相应位置另设3 ϕ 12。
5. 空调板与建筑板一致，板上部钢筋伸出空调板的位置、大小、数量应与建筑施工图03、04相同。

二层板配筋图 1:100

标高为3.550m

日期		工程名称	专用宿舍楼	图纸名称	二层板配筋图
图纸编号	结施-09				

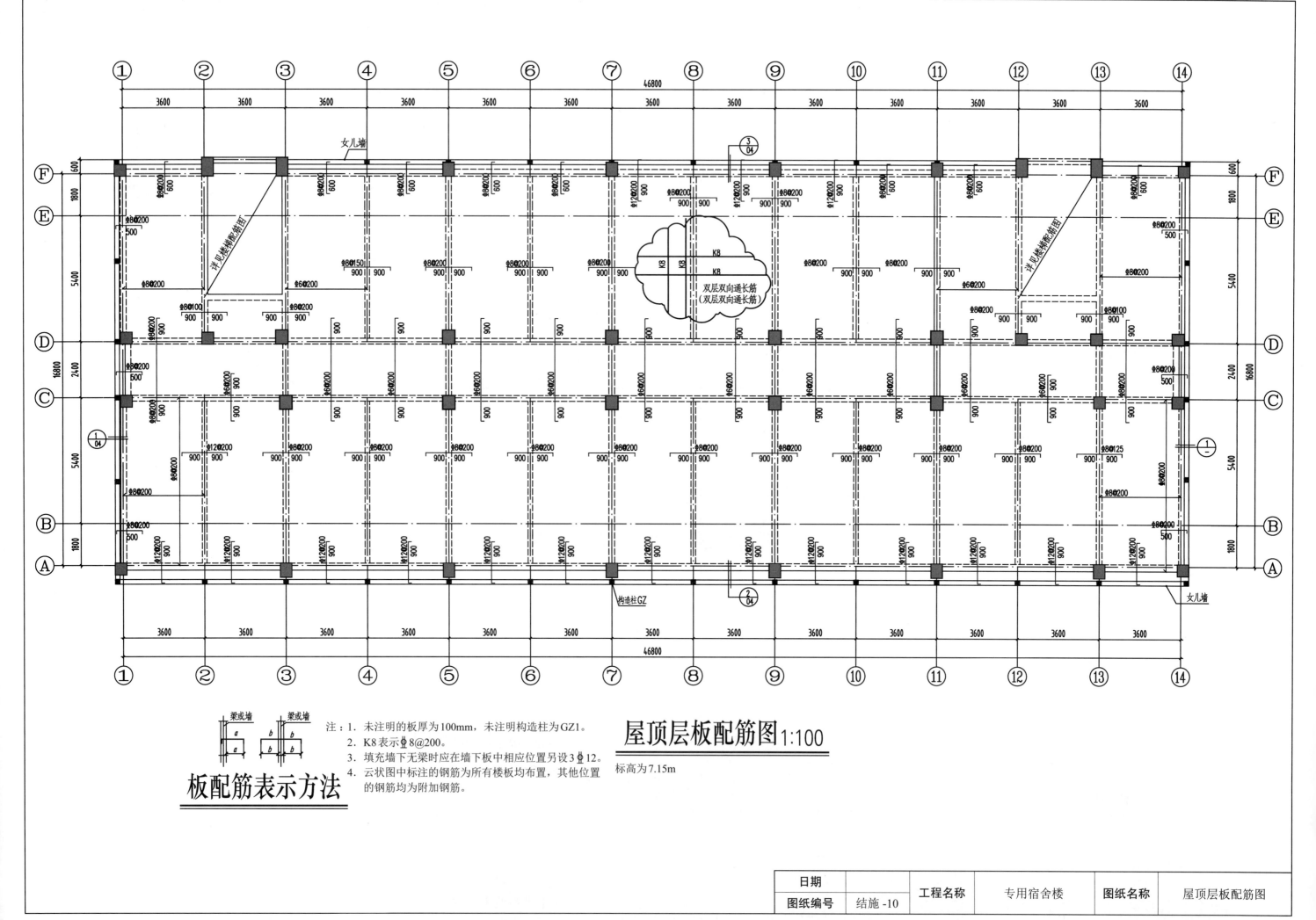

板配筋表示方法

梁或墙　　梁或墙

注：1. 未注明的板厚为100mm，未注明构造柱为GZ1。
2. K8表示φ8@200。
3. 填充墙下无梁时应在墙下板中相应位置另设3φ12。
4. 云状图中标注的钢筋为所有楼板均布置，其他位置的钢筋均为附加钢筋。

屋顶层板配筋图 1:100

标高为7.15m

日期		工程名称	专用宿舍楼	图纸名称	屋顶层板配筋图
图纸编号	结施-10				

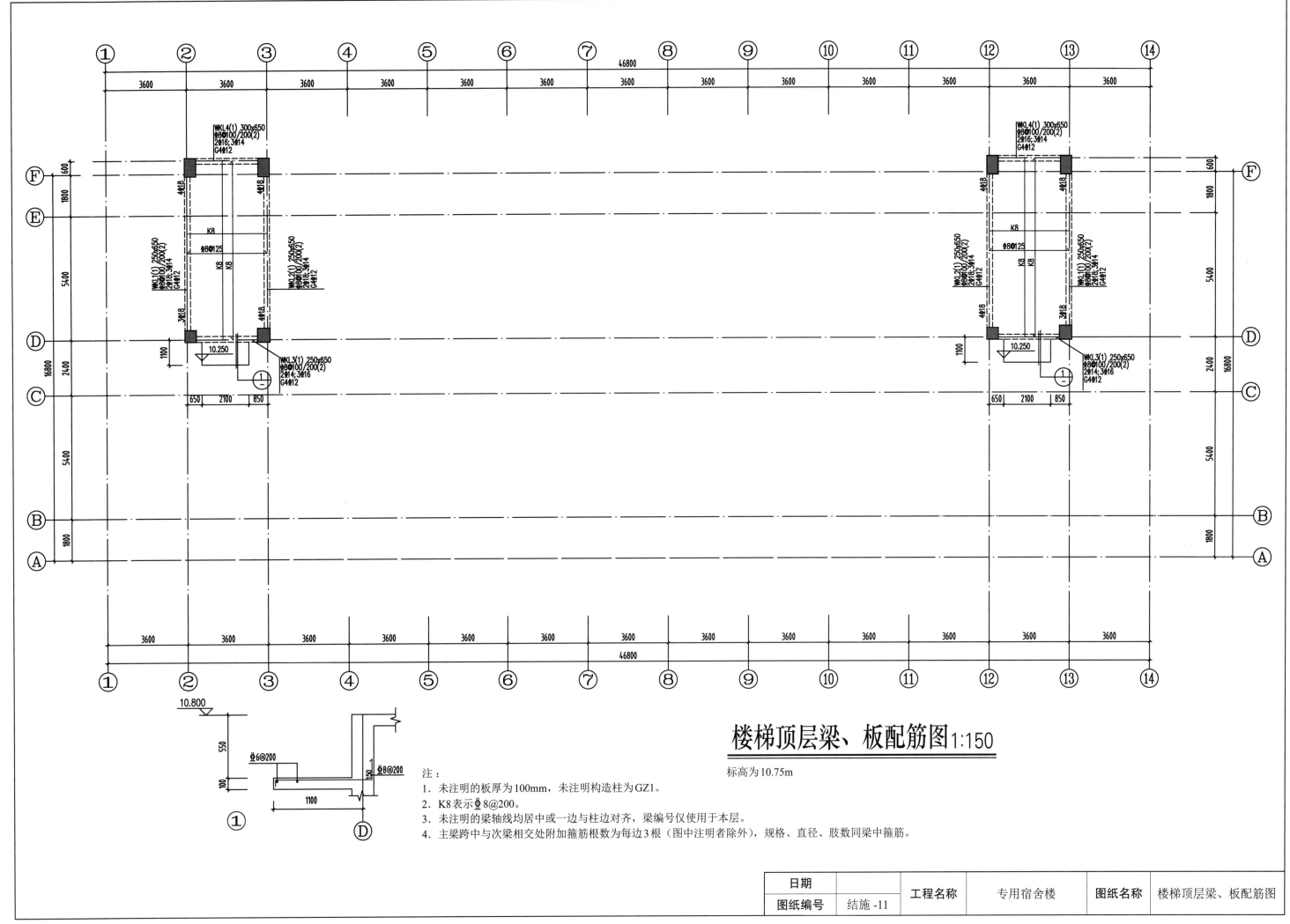

楼梯顶层梁、板配筋图 1:150

标高为10.75m

注：
1. 未注明的板厚为100mm，未注明构造柱为GZ1。
2. K8表示Φ8@200。
3. 未注明的梁轴线均居中或一边与柱边对齐，梁编号仅使用于本层。
4. 主梁跨中与次梁相交处附加箍筋根数为每边3根（图中注明者除外），规格、直径、肢数同梁中箍筋。

日期		工程名称	专用宿舍楼	图纸名称	楼梯顶层梁、板配筋图
图纸编号	结施-11				

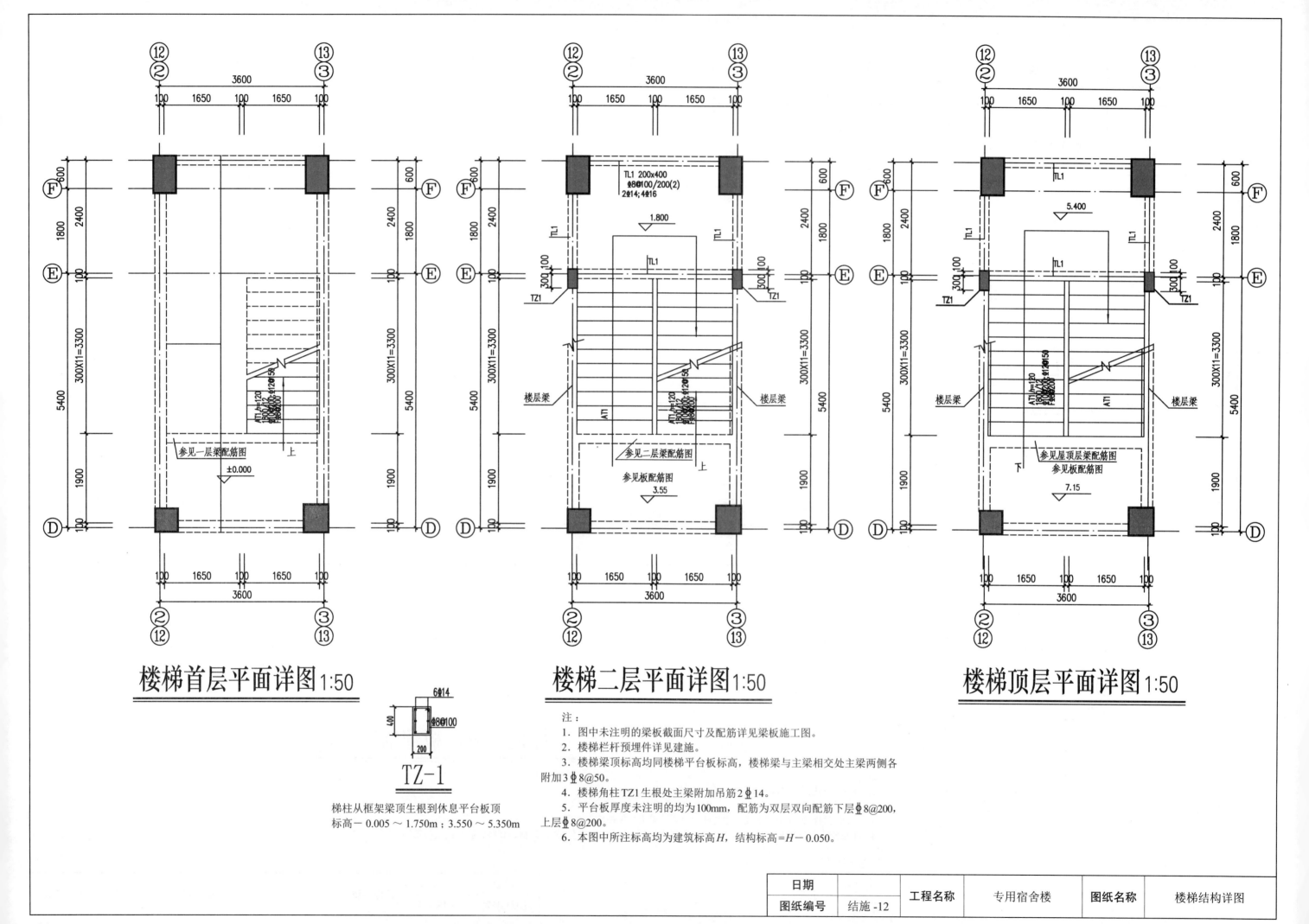

楼梯首层平面详图 1:50

楼梯二层平面详图 1:50

楼梯顶层平面详图 1:50

TZ-1

6⌀14

⌀8@100

梯柱从框架梁顶生根到休息平台板顶
标高－0.005～1.750m；3.550～5.350m

注：
1. 图中未注明的梁板截面尺寸及配筋详见梁板施工图。
2. 楼梯栏杆预埋件详见建施。
3. 楼梯梁顶标高均同楼梯平台板标高，楼梯梁与主梁相交处主梁两侧各附加3⌀8@50。
4. 楼梯角柱TZ1生根处主梁附加吊筋2⌀14。
5. 平台板厚度未注明的均为100mm，配筋为双层双向配筋下层⌀8@200，上层⌀8@200。
6. 本图中所注标高均为建筑标高H，结构标高＝H－0.050。

日期		工程名称	专用宿舍楼	图纸名称	楼梯结构详图
图纸编号	结施-12				

二、员工宿舍楼

建筑目录

图号	图别	图纸内容	规格
01	建施	图纸目录	A3
02	建施	建筑设计说明（一）	A3
03	建施	建筑设计说明（二）	A3
04	建施	建筑设计说明（三）	A3
05	建施	一层平面图	A3
06	建施	二层平面图	A3
07	建施	三层平面图	A3
08	建施	屋顶平面图	A3
09	建施	①～⑤立面图	A3
10	建施	Ⓐ～Ⓓ立面图、楼梯间大样图	A3
11	建施	1—1剖面图、卫生间大样图	A3

结构图纸目录

图号	图别	图纸内容	规格
01	结施	结构设计总说明（一）	A3
02	结施	结构设计总说明（二）	A3
03	结施	基础平面布置图	A3
04	结施	基础顶～屋顶柱平法施工图	A3
05	结施	标高4.170梁平法施工图	A3
06	结施	标高8.370梁平法施工图	A3
07	结施	标高11.700梁平法施工图	A3
08	结施	坡屋顶梁平法施工图	A3
09	结施	标高4.170板配筋图	A3
10	结施	标高8.370板配筋图	A3
11	结施	标高11.700板配筋图	A3
12	结施	坡屋顶板配筋图	A3
13	结施	楼梯结构图	A3

建设单位	××公司	图 名	图纸目录	图 幅	A3
				图 号	建施-01
工程名称	员工宿舍楼			比 例	1:100

建筑设计说明（一）

一、工程概况

1. 工程名称：员工宿舍楼。
2. 建设单位：××公司。
3. 建设地点：××××。
4. 建筑分类：三层办公住宿楼。
5. 主要功能：办公、住宿。
6. 工程设计等级：二级。
7. 建筑面积及占地面积：总建筑面积1239.75m²，基地面积413.25m²。
8. 建筑高度及层数：建筑高度16.170m，层数地上3层。
9. 结构类型及基础类型：结构类型框架结构，基础类型条形基础。
10. 屋面防水等级及抗震设防烈度：屋面防水等级Ⅰ级，抗震设防烈度7度。
11. 建筑物设计使用年限为50年。

二、设计依据

1. 相关部门主管的审批文件。
2. 建设单位认可的设计方案。
3. 国家、地方及行业相关的主要设计规范、规定和标准。

《房屋建筑制图统一标准》	GB/T 50001—2010
《建筑工程设计文件编制深度规定》	（2008年版）
《工程建设标准强制性条文》	（2009年版）
《民用建筑设计通则》	GB 50352—2005
《建筑设计防火规范》	GB 50016—2014
《办公建筑设计规范》	JGJ 67—2006
《宿舍建筑设计规范》	J 480—2005

三、建筑物定位、设计标高及单位

1. 本工程定位采用建设单位提供的地界坐标，采用坐标定位，定位点为建筑外墙四角的轴线交叉点。
2. 本工程建筑物±0.000具体定位详见总平面图，室内外高差0.45m。
3. 图中所注标高除注明者外，各楼层标高均为建筑完成面标高，屋面标高为结构面标高。
4. 本工程标高和总平面图尺寸以m计，其余尺寸以mm计。所有建筑构、配件尺寸不含粉刷厚度。

四、设计范围

1. 根据合同要求，本次设计范围包含建筑、结构、给水排水、暖通及电气专业设计。
2. 室外工程、变配电所、垃圾收集站、绿化景观（包括大门、围墙）不在本次设计范围之内，由建设单位另行委托设计。

五、墙体工程

1. 基础、框架梁、柱、门窗过梁、窗台压顶、女儿墙压顶等的尺寸、定位及做法详结构专业设计图纸。
2. 墙体±0.000以上均为加气混凝土砌块墙厚度200(100)mm，±0.000以下采用240mm×115mm×53mm的标准实心砖。

六、防水工程

楼地面防水：卫生间及洗车房均做水溶性涂膜防水三道，共2mm厚，防水层四周卷起300mm。

七、楼地面工程

1. 各部位楼地面做法详见装修构件做法表。
2. 所有卫生间及阳台楼（地）面标高比同层其他房间楼（地）面标高降低20mm。

八、屋面工程

屋面采用有组织排水，天沟、檐沟、雨篷排水找坡均为1%。
雨水管每隔2m与墙面固定。

九、门窗工程

1. 根据《建筑外门窗气密、水密、抗风压 性能分级及检测方法》（GB/T 7106—2008）外窗气密性等级4级，空气声计权隔声量达3级水平，抗风压性能、水密性≥3级，保温性能分级为5级。
2. 外窗为外窗为采用断桥彩铝窗，(6+120A+6)mm厚透明中空玻璃。
3. 本工程所注门窗的尺寸均为洞口尺寸，立面为外视立面，门窗加工尺寸要根据装修面厚度由生产商予以调整。

十、外装修工程

1. 本工程外立面装修用材及色彩详见立面图，外墙装修做法详见工程做法表。
2. 外装修选用的各项材料均由施工单位提供样板。大面积施工前，先由建设单位确认，才可进行下一步施工，并把样板封样，据此验收。
3. 本工程住宅采用中央空调，故不考虑空调室外机搁板及空调冷凝水有组织排放。

十一、内装修工程

1. 本次设计只含一般室内装饰设计，详见工程做法。室内高级装饰及吊顶应由二次装饰设计确定，室内高级装饰设计应符合防火设计规范及不影响各设备的正常使用。
2. 内装修选用的各项材料均由施工单位提供样板，并由建设单位确认后，才可进行下一步施工；管道安装穿墙部位用细石混凝土填实再用建筑油膏嵌缝以降低震动与噪声。

十二、油漆

1. 木制镶板门做一底二度浅咖啡色调和漆，双面胶合板门、木百页、木楼梯扶手等均做一底二度树脂清漆。
2. 本设计范围内的钢栏杆、钢扶手及其他露明铁件，管道均做红丹防锈漆一道，浅灰色调和漆二道（卫生间、厨房内露明铁件、铸铁管道为白色调和漆二道）。
3. 所有预埋木构件和木砖均需做防腐处理，严禁采用非沥青类、非煤焦油类的防腐剂处理。
4. 防火门油漆应采用消防部门认可的防火油漆进行施工。

十三、防火设计

1. 本工程依据《建筑设计防火规范》（GB 50016—2014）进行设计，总平面设计详见总平面图，消防通道和间距均满足规范要求。
2. 本建筑为三层办公建筑，建筑物耐火等级二级，本工程整个为一个防火分区，防火分区面积不超过2500m，满足防火及满足防火及安全疏散规范要求。
3. 防火门应具有自行关闭的功能，防火门应采用消防部门认可的合格产品。

建设单位	××公司	图名	建筑设计说明（一）	图幅	A3
工程名称	员工宿舍楼			图号	建施-02
				比例	1:100

建筑设计说明（二）

类别	设计编号	洞口尺寸（mm）		数量	选用标准图集及编号	备注
		宽	高			
门	M-1	800	2100	29	详建施09	成品木门（卫生间门下应设进风固定百叶）
	M-2	1000	2100	42	详建施09	成品木门
	M-3	1500	2100	2	详建施09	成品木门
	JM-1	3000	2400	1	详建施09	断桥彩铝中空玻璃上悬窗
窗	C-1	700	1800	54	详建施09	断桥彩铝中空玻璃上悬窗
	C-2	1600	1800	16	详建施09	断桥彩铝中空玻璃平开窗
	C-3	1200	1800	5	详建施09	断桥彩铝中空玻璃平开窗

注：1. 窗洞口尺寸以实测为准，门窗玻璃及框料应有承包商根据验算加以调整，进行二次设计，并及时向建筑设计单位提供预埋件和受力部分的详细资料，以便施工中及时预埋。

2. 门窗数量仅供参考，施工时以实际数量为准。

序号	楼层	房间	踢脚	地/楼面	内墙面	吊顶
1	首层	生活保障部办公室、办公室、门卫室、值班室 车队值班室、配件仓库、走廊大厅	踢脚1	地面2	内墙面2	吊顶
2		卫生间		地面1	内墙面1	吊顶
3	二~三层	车队宿舍、图书室、活动室、走廊	踢脚1	地面2	内墙面2	吊顶
4		卫生间		地面1	内墙面1	吊顶
5	（油漆做法）					
6	木质油漆		油漆工程做法1			
	金属面油漆		油漆工程做法2			
7	（外装修做法）					
8	外墙面1		位置详见立面图			
9	外墙面2		位置详见立面图			

楼梯间首层装修做法：踢脚1、地面2、内墙2、天棚，二层：内墙2、天棚，三层：内墙2、吊顶。

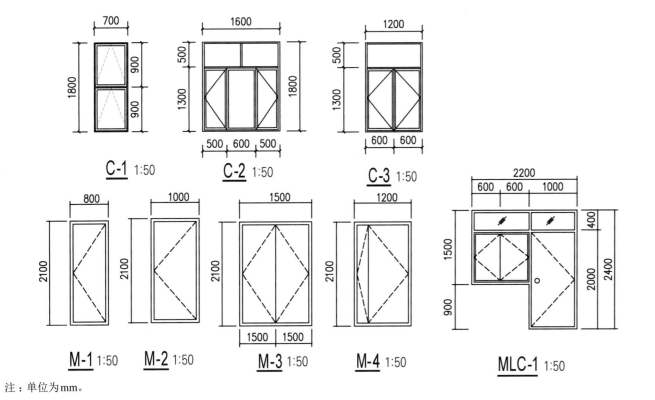

注：单位为mm。

工程做法

1．地面

（1）地面1：防滑地砖防水楼面（砖采用400×400）

①5～10厚防滑地砖，稀水泥浆擦缝。

②撒素水泥面（洒适量清水）。

③20厚1：2干硬性水泥砂浆黏结层。

④1.5厚聚氨酯涂膜防水层。

⑤20厚1：3水泥砂浆找平层，四周及竖管根部位抹小八字角。

⑥素水泥浆一道。

⑦最薄处30厚C15细石混凝土从门口向地漏找1%坡。

⑧素土夯实、压实系数0.95。

（2）地面2：大理石地面（800×800）

①20厚大理石板，稀水泥擦缝。

②素水泥浆一道（内掺建筑胶）。

③30厚C15细石混凝土随打随抹。

④最薄处30厚C15细石混凝土。

⑤100厚3：7灰土夯实。

⑥素土夯实，压实系数00.95。

2．楼面

（1）楼面1：防滑地砖防水楼面（砖采用400×400）

①5～10厚防滑地砖，稀水泥浆擦缝。

②撒素水泥面（洒适量清水）。

③20厚1：2干硬性水泥砂浆黏结层。

④1.5厚聚氨酯涂膜防水层。

⑤20厚1：3水泥砂浆找平层，四周及竖管根部位抹小八字角。

⑥素水泥浆一道。

⑦最薄处30厚C15细石混凝土从门口向地漏找1%坡。

⑧现浇混凝土楼板。

（2）楼面2：大理石楼面（大理石尺寸800×800）

①铺20厚大理石板，稀水泥擦缝。

②撒素水泥面（洒适量清水）。

③30厚1：3干硬性水泥砂浆黏结层。

④40厚1：1.6水泥粗砂焦渣垫层。

⑤钢筋混凝土楼板。

3．内墙面

（1）内墙面1：瓷砖墙面（面层用200×300高级面砖）

①白水泥擦缝。

②5厚釉面砖面层（粘前先将釉面砖浸水2h以上）。

③5厚1：2建筑水泥砂浆黏结层。

④素水泥浆一道。

建设单位	××公司	图名	建筑设计说明（二）	图幅	A3
				图号	建施-03
工程名称	员工宿舍楼			比例	1：100

建筑设计说明（三）

⑤6厚1：2.5水泥砂浆打底压实抹平。

⑥涂塑中碱玻璃纤维网格布一层。

（2）内墙面2：水泥砂浆墙面

①喷水性耐擦洗涂料。

②5厚1：2.5水泥砂浆找平。

③9厚1：3水泥砂浆打底扫毛。

④素水泥浆一道甩毛（内掺建筑胶）。

4. 踢脚1：大理石踢脚（150高）

①10～15厚大理石石材板（吐防污剂），稀水泥浆擦缝。

②12厚1：2水泥砂浆（内掺建筑胶）黏结层。

③素水泥浆一道（内掺建筑胶）。

5. 天棚

①素水泥浆一道甩毛（内掺建筑胶）。

②5厚1：0.5：3水泥石膏砂浆扫毛。

③2厚纸筋灰罩面。

④喷水性耐擦洗涂料。

6. 吊顶（吊顶高度均为3200）

吊顶：岩棉吸音板吊顶：燃烧性能为A级。

①12厚岩棉吸声板面层，规格592×592。

②T型轻钢次龙骨TB24×28，中距600。

③T型轻钢次龙骨TB24×38，中距600，找平后与钢筋吊杆固定。

④φ8钢筋吊杆，双向中距≤1200。

⑤现浇混凝土板底预留φ10钢筋吊环，双向中距≤1200。

7. 外墙

（1）外墙面1：暗红色壁开砖外墙（300×200）

①1：1专用水泥砂浆（细砂）勾缝。

②黏贴6～10厚外墙饰面砖，在砖背面满涂5厚1：2专用水泥黏结砂浆。

③6厚1：2.5水泥砂浆找平层（掺建筑胶）。

④12厚1：2水泥砂浆打底扫毛。

（2）外墙面2：米黄色涂料外墙

①外墙涂料。

②6厚1：2水泥砂浆找平。

③12厚1：3水泥砂浆打底扫毛。

8. 坡屋面做法

①防水层：3+3SBS卷材防水。

②找平层：20厚1：3水泥砂浆找平层，内掺丙烯或锦纶。

③保温层：160厚岩棉保温层。

④找坡层：1：8膨胀珍珠岩找坡最薄处20厚。

⑤结构层：钢筋混凝土板。

9. 散水做法

①60厚C15细石混凝土，面加5厚1：1水泥砂浆随打随抹平。

②150厚3：7灰土，压实系数＞0.96。

③素土夯实，压实系数＞0.93，向外4%找坡。

10. 台阶做法

①80厚C15混凝土，随打随抹，上撒1：1水泥砂子，压实赶光，台阶面向外坡1%。

②C20素混凝土垫层。

③素土夯实。

建设单位	××公司	图名	建筑设计说明（三）	图 幅	A3
				图 号	建施-04
工程名称	员工宿舍楼			比 例	1：100

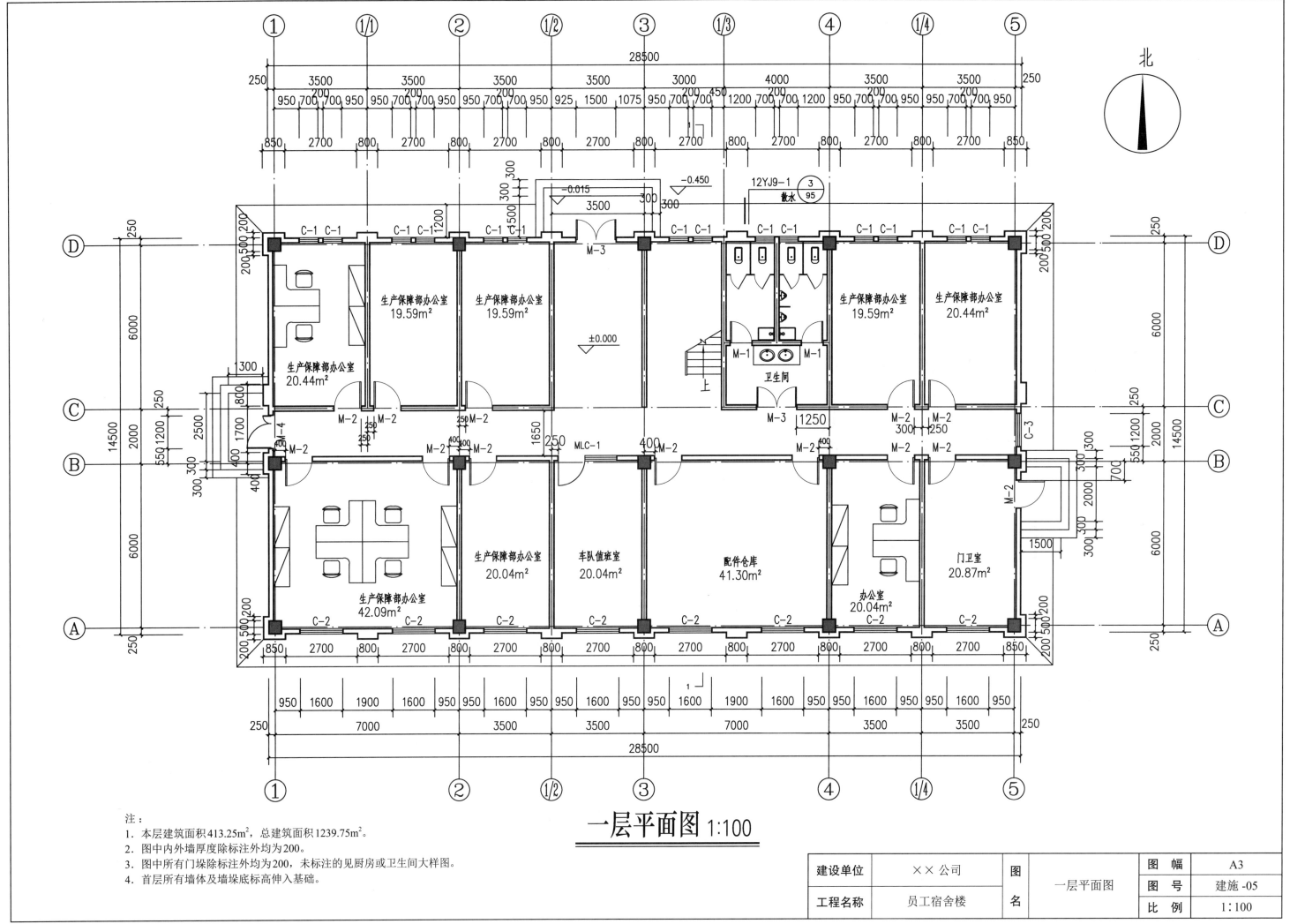

一层平面图 1:100

注：
1. 本层建筑面积413.25m²，总建筑面积1239.75m²。
2. 图中内外墙厚度除标注外均为200。
3. 图中所有门垛除标注外均为200，未标注的见厨房或卫生间大样图。
4. 首层所有墙体及墙垛底标高伸入基础。

建设单位	×× 公司	图名	一层平面图	图幅	A3
工程名称	员工宿舍楼			图号	建施 -05
				比例	1:100

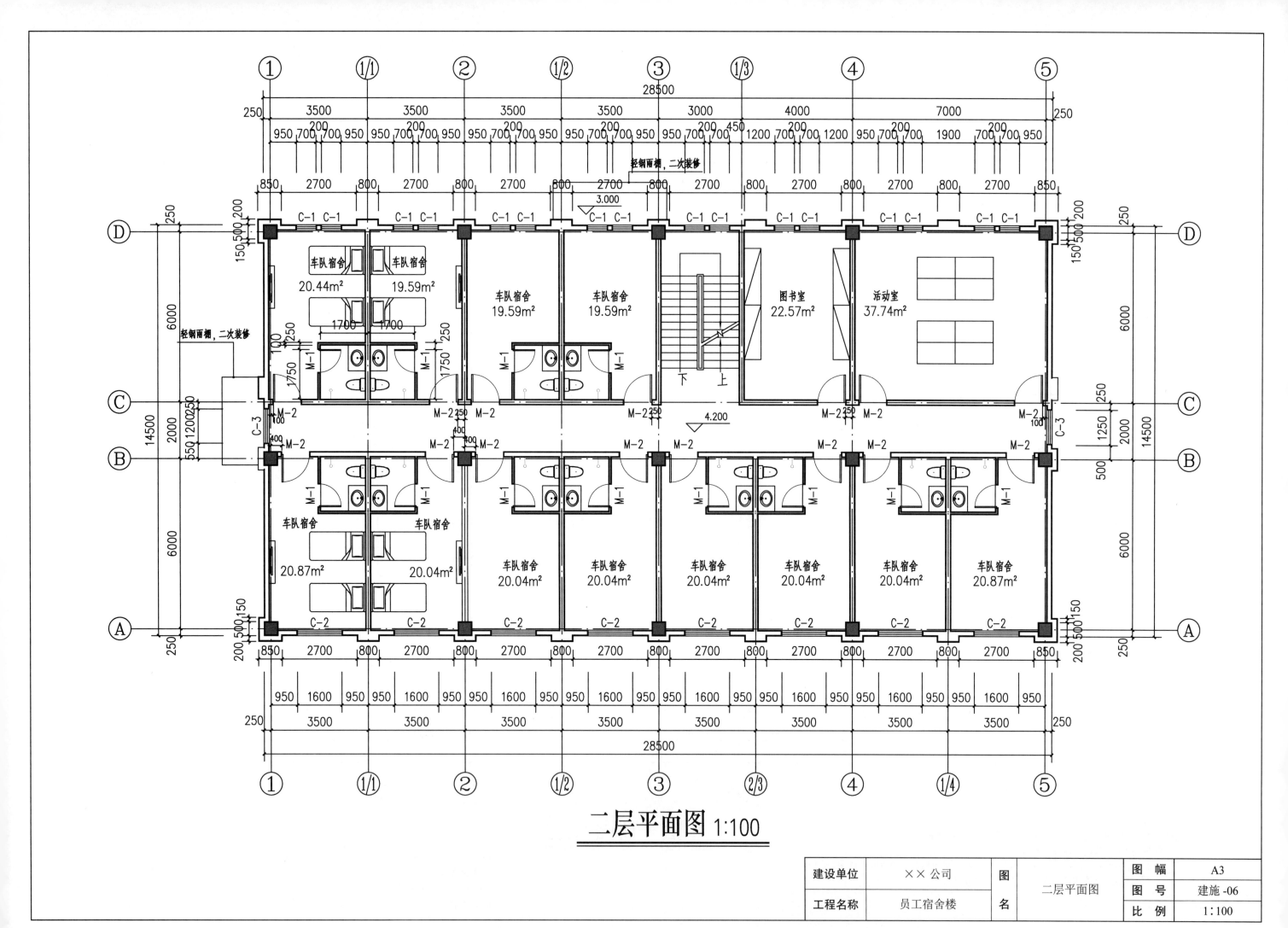

二层平面图 1:100

建设单位	××公司	图	二层平面图	图幅	A3
工程名称	员工宿舍楼	名		图号	建施-06
				比例	1:100

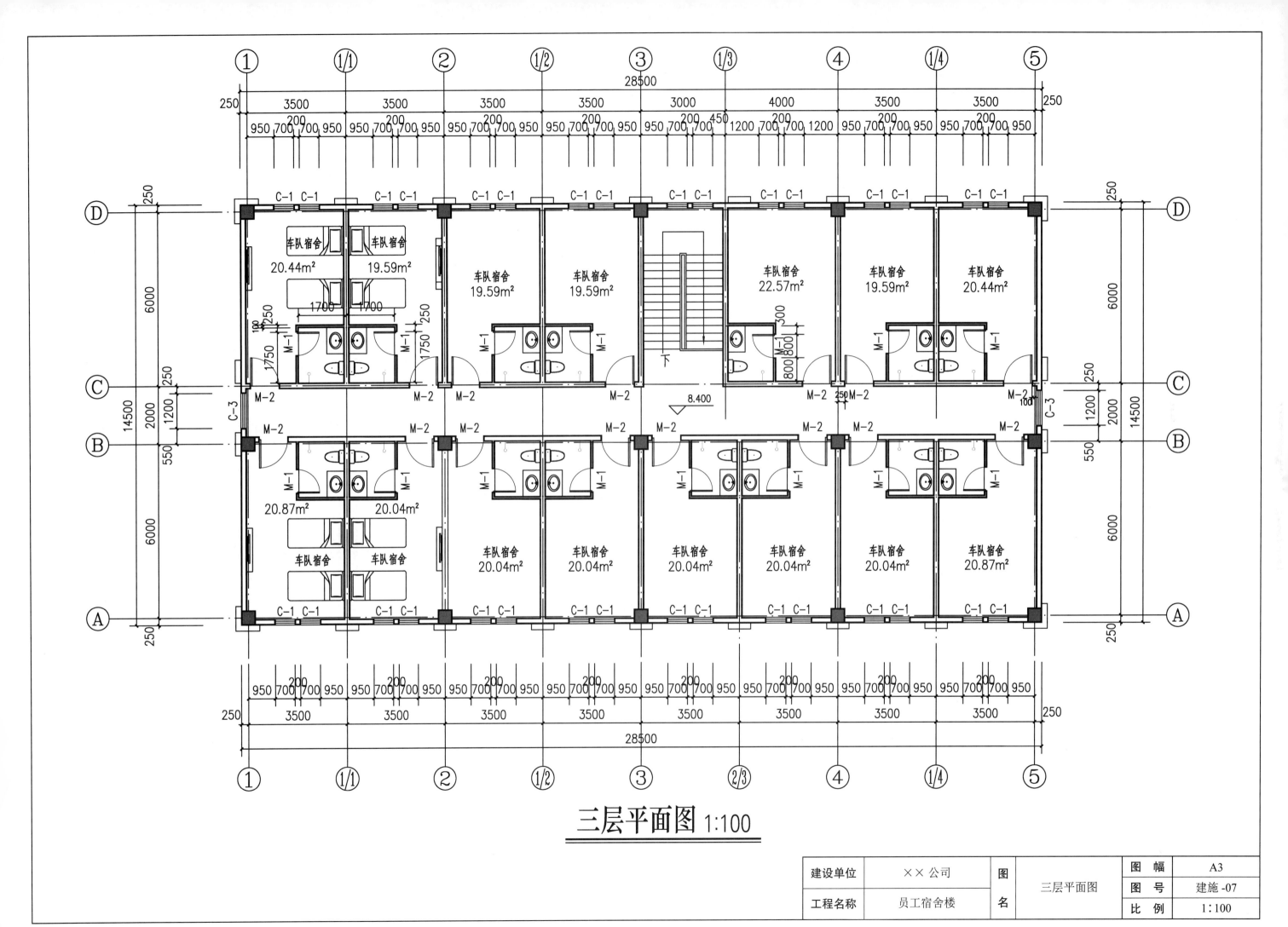

三层平面图 1:100

建设单位	××公司	图名	三层平面图	图幅	A3
工程名称	员工宿舍楼			图号	建施-07
				比例	1:100

—31—

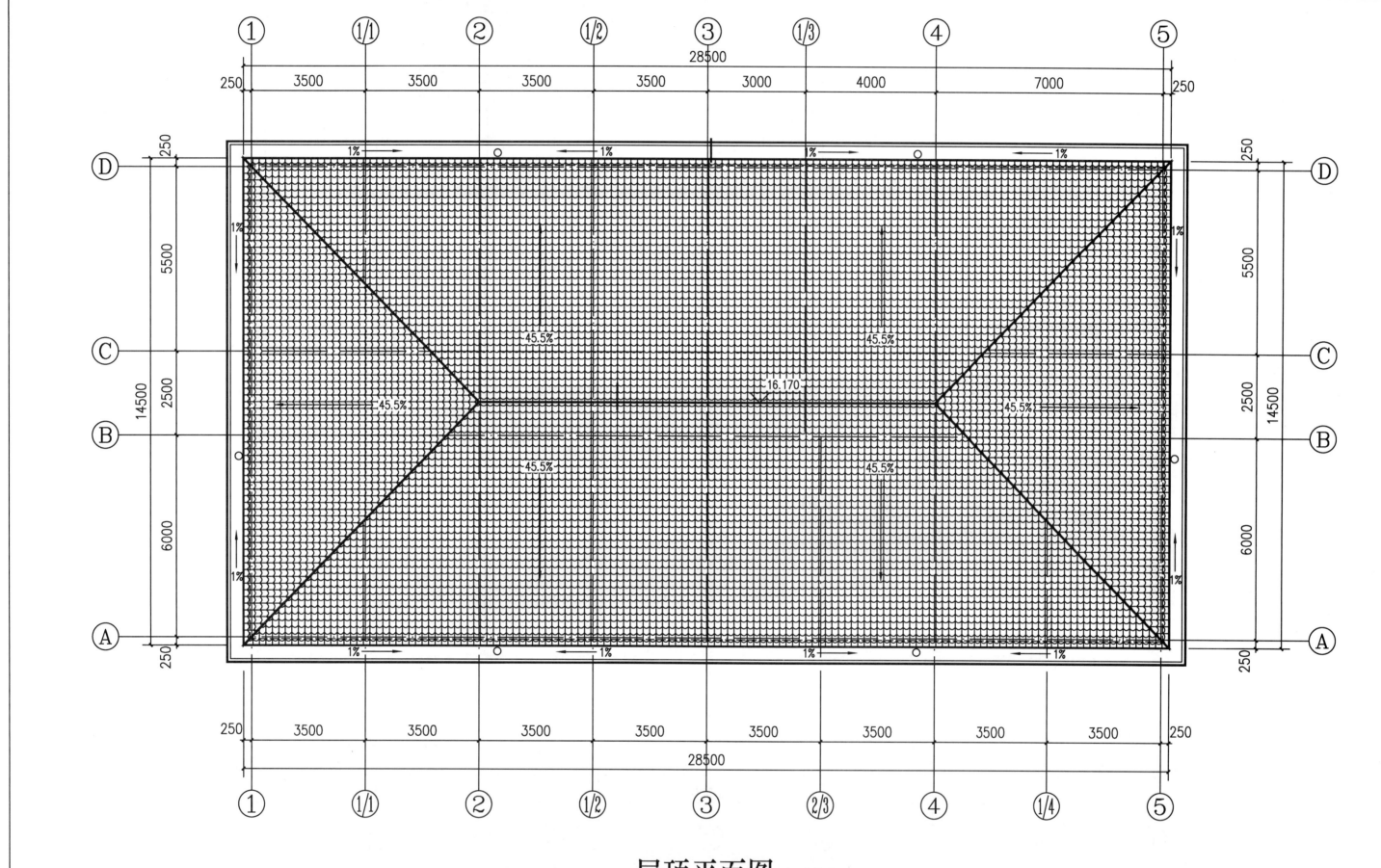

屋顶平面图 1:100

建设单位	××公司	图名	屋顶平面图	图幅	A3
工程名称	员工宿舍楼			图号	建施-08
				比例	1:100

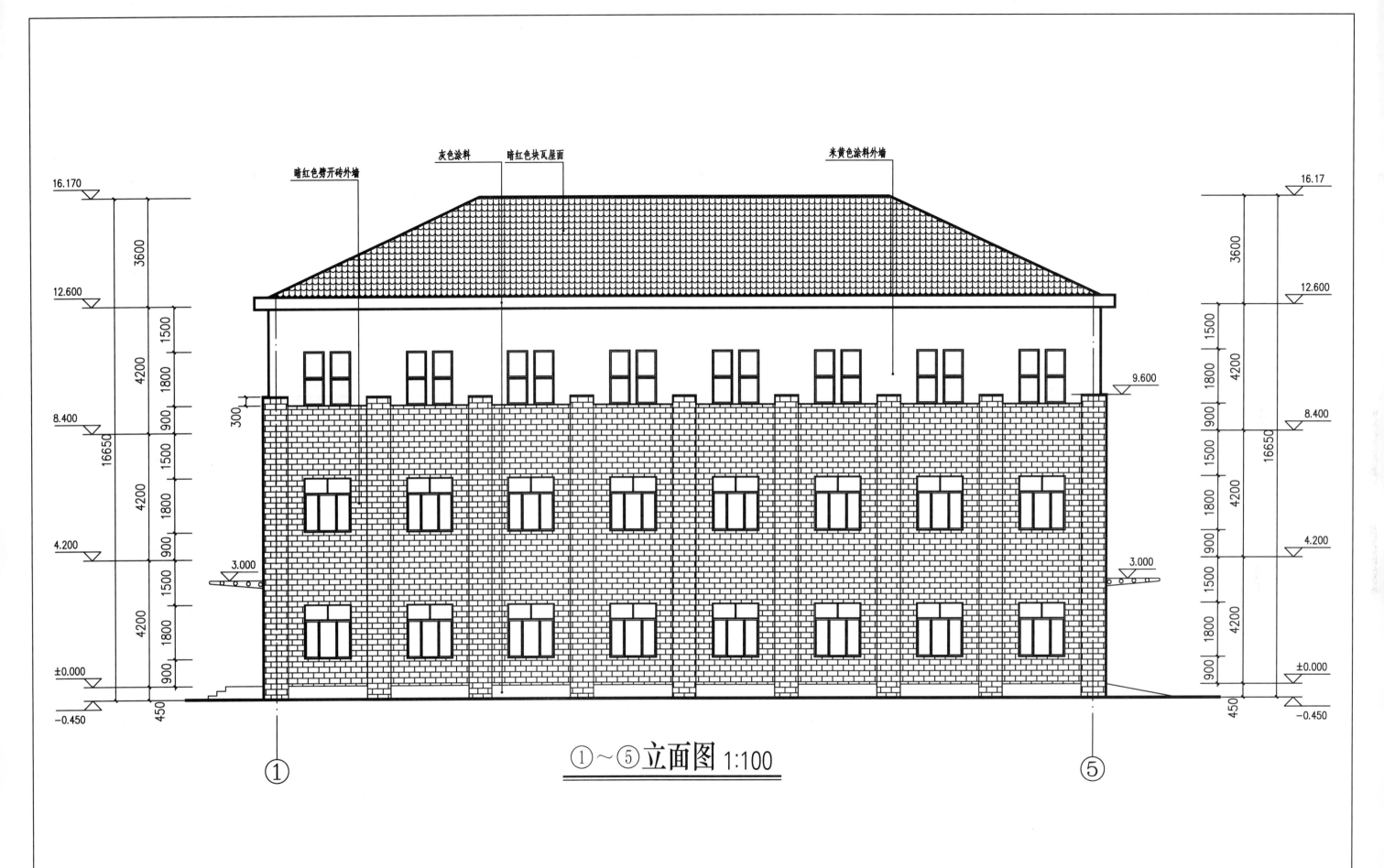

①～⑤立面图 1:100

建设单位	××公司	图	①～⑤立面图	图 幅	A3
工程名称	员工宿舍楼	名		图 号	建施-09
				比 例	1:100

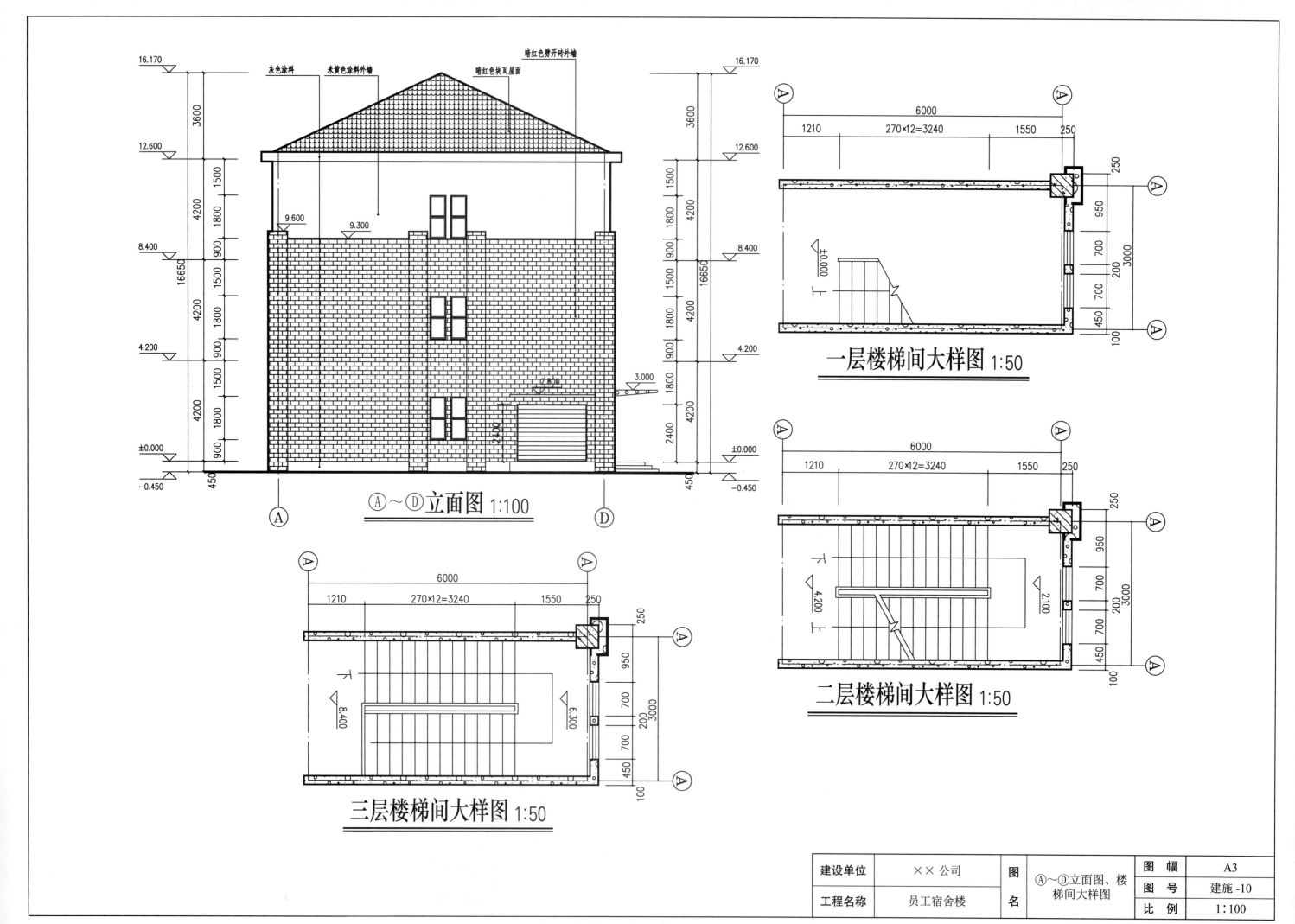

灰色涂料　米黄色涂料外墙　暗红色块瓦屋面　暗红色劈开砖外墙

16.170

3600

12.600

1500
4200
1800

9.600
9.300

8.400
900

16650

1500
4200
1800

4.200
900

1500
4200
1800

2.800

2.400

±0.000
900

-0.450
450

16.170

3600

12.600

1500
4200
1800

8.400
900

16650

1500
4200
1800

3.000

4.200
900

2400
4200

±0.000

-0.450
450

Ⓐ~Ⓓ立面图 1:100

Ⓐ　Ⓓ

一层楼梯间大样图 1:50

6000
1210　270×12=3240　1550　250
250
950
700
200　3000
450　700
100

±0.000

二层楼梯间大样图 1:50

6000
1210　270×12=3240　1550　250
250
950
700
200　3000
450　700
100

4.200
2.100

三层楼梯间大样图 1:50

6000
1210　270×12=3240　1550　250
250
950
700
200　3000
450　700
100

8.400
6.300

建设单位	××公司	图名	Ⓐ~Ⓓ立面图、楼梯间大样图	图幅	A3
工程名称	员工宿舍楼			图号	建施-10
				比例	1:100

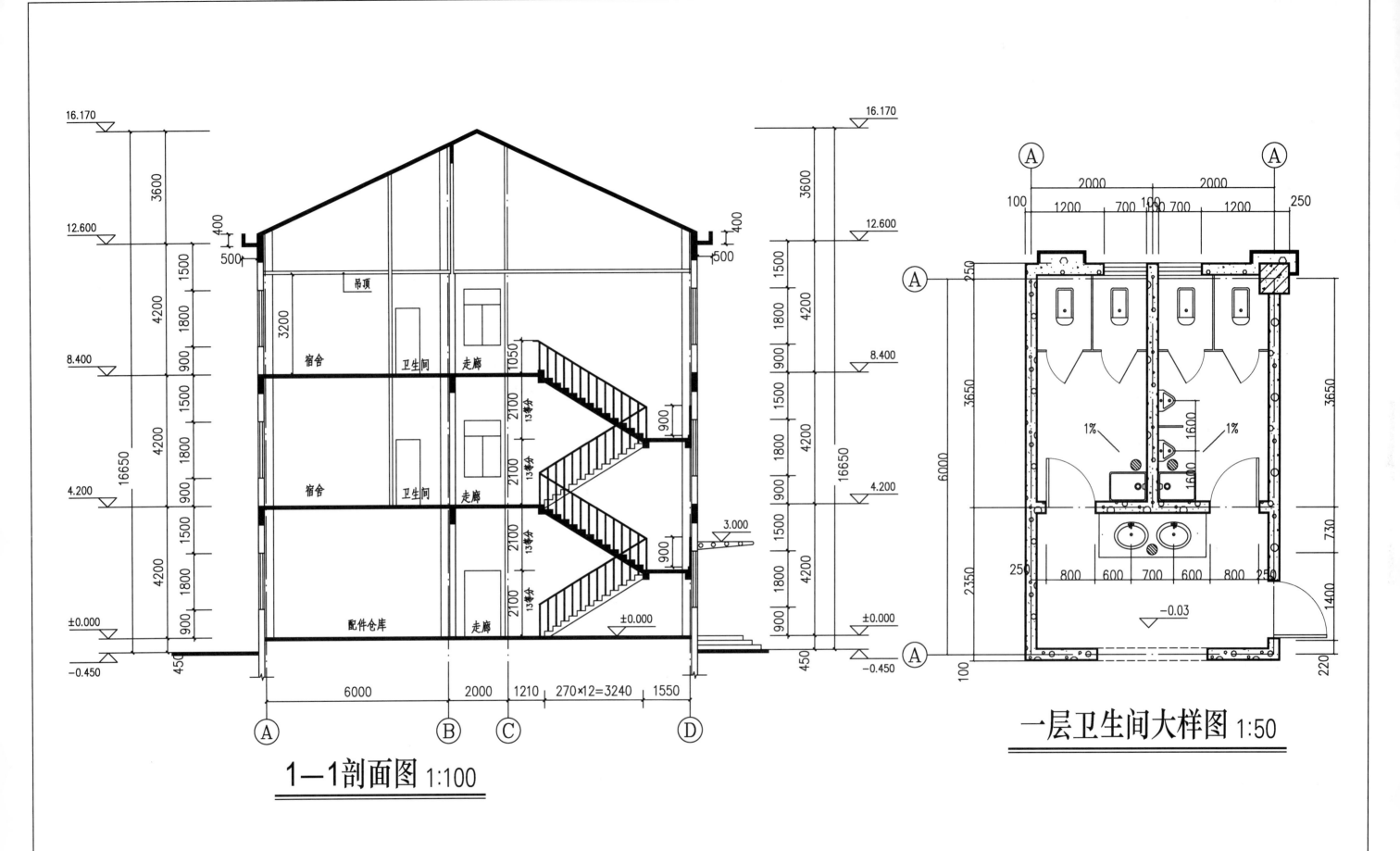

1—1剖面图 1:100

一层卫生间大样图 1:50

建设单位	××公司	图名	1—1剖面图、卫生间大样图	图幅	A3
工程名称	员工宿舍楼			图号	建施-11
				比例	1:100

结构设计总说明（一）

一、工程概况

1. 本工程为员工宿舍楼。该建筑为地上三层，层高4.2m，结构高度为12.600m，室内外高差0.450m。

2. 本工程结构型式为钢筋混凝土现浇框架结构。

二、施工图纸说明

1. 全部尺寸除注明外均以毫米为单位，标高以米为单位。

2. 本工程±0.000相对于绝对标高根据现场情况定。

3. 本工程设计一般结构构件代号说明如下：

KLX-楼层框架梁，WKLX-屋面框架梁，TZ-楼梯柱，LX-楼层次梁，LZ-梁上柱，GZ-构造柱，GL-过梁，JC-独立柱基。

4. 未经鉴定或设计部门许可不得擅自改变建筑的使用功能及环境。

5. 施工中若有不明或需变更之处，请及时与设计人员联系，不得擅自更改。

6. 施工图中梁柱均采用平法标注，相关构造均详参图集11G101-1、2、3(国标)。

7. 施工过程中，除应符合本说明外，其他未详尽事宜，均应按国家现行有关规范、标准和地方有关规定执行。

三、建筑结构分类等级

1. 建筑结构安全等级： 二级 （GB 50068—2001）
2. 主体结构设计使用年限： 50年 （GB 50068—2001）
3. 建筑抗震设防类别： 丙类 （GB 50223—2008）
4. 地基基础设计等级： 丙级 （GB 50007—2011）
5. 框架抗震等级： 三级 （GB 50011—2010）
6. 建筑耐火等级： 二级 （GB 50016—2006）
7. 混凝土构件的环境类别： 一、二类 （GB 50010—2010）

四、自然条件

1. 基本风压（50年基准期）：W_o=0.40kN/m²。

2. 抗震设防烈度为7度，设计基本地震加速度0.10g，设计地震分组第二组，多遇地震。

五、本工程设计遵循的标准、规范、规程

《建筑结构可靠度设计统一标准》 （GB 50068—2001）
《建筑抗震设防分类标准》 （GB 50223—2008）
《建筑结构荷载规范》 （GB 50009—2012）
《混凝土结构设计规范》 （GB 50010—2010）
《建筑抗震设计规范》 （GB 50011—2010）
《建筑地基基础设计规范》 （GB 50007—2011）
由规划部门批准的建筑设计方案。

六、设计计算程序

1. 结构整体分析：由中国建筑科学研究院开发的PKPM系列软件的高层建筑结构空间有限元分析与计算软件SATWE(2010版)。

2. 基础计算：PKPM系列的基础工程计算机辅助设计软件JCCAD(2010版)。

七、设计采用的均布活荷载标准值

办公、宿舍：2.0kN/m² 走廊、楼梯：2.5kN/m²

卫生间：8.0kN/m² 不上人屋面：0.5kN/m²

楼梯、阳台和上人屋面等的栏杆顶部水平荷载为1.0kN/m，其他暖通、给排水等设备荷载按实际重量考虑。

八、主要结构材料

1. 混凝土强度等级

（1）基础：C30，（2）柱：C30，（3）梁、板、楼梯：C30，（4）其他未注明部分混凝土等级为C25。

2. 钢筋采用

（1）钢筋的抗拉强度实测值与屈服强度实测值的比值不应小于1.25；钢筋的屈服强度实测值与屈服强度标准值的比值不应大于1.3，且钢筋在最大拉力下的总伸长率实测值不应小于9%。

（2）当需要以强度等级较高的钢筋替代原设计中的纵向受力钢筋时，应按照钢筋承载力设计值相等的原则换算，并应满足最小配筋率等要求。

（3）预埋钢板采用Q235-B、Q345-B钢。

（4）吊钩采用HPB300级钢筋，不得采用冷加工钢筋。

3. 焊条：HPB300钢筋采用E43，HRB335、HRB400钢筋采用E50型。

4. 油漆：凡外露钢铁件必须在除锈后涂防锈漆，面漆各两道，并经常注意维护。

5. 墙体：±0.00以上墙均采用强度等级为A3.5级（3.5MPa），干密度等级为B06级(600kg/m³)加气混凝土砌块砌筑。

砌体施工质量控制等级B级。

6. 砂浆：±0.00以下M7.5水泥砂浆，MU15混凝土普通砖砌筑，±0.00以上Mb5.0混合砂浆，200厚标准砖。

九、地基基础

1. 本工程地基基础设计等级为丙级，基础为钢筋混凝土柱下条形基础。

基础持力层为第一层杂填土，地勘报告未给出天然地基承载力，必须进行地基土处理，地基土采用高压喷射注浆法进行处理，高压喷射注浆须有专业的施工单位人员进行施工，处理后的地基承载力不小于120kPa。

2. 电气专业上对基础钢筋连接的要求详见电气施工图。

十、结构构造要求

1. 混凝土环境类别及最外层钢筋保护层见下表：不大于C25时，数值增加5mm。

（1）室内正常环境为一类；室内潮湿环境为二（a）类；露天环境、与无侵蚀的水或土壤直接接触的环境为二（b）类。

部位 环境类别	混凝土墙	梁	板	柱	基础	楼梯
一	15	20	15	20		15
二（a）	20	25	20	25		
二（b）	25	35	25	35	40	

（2）最外层钢筋保护层厚度除满足上表要求外，尚不应小于钢筋的公称直径。

建设单位	××公司	图名	结构设计总说明（一）	图幅	A3
				图号	结施-02
工程名称	员工宿舍楼			比例	1:100

结构设计总说明（二）

2. 结构混凝土耐久性的基本要求见下表

环境类别	最大水灰比	最低强度等级	最大氯离子含量 /%	最大碱含量 /%
一	0.60	C20	0.3	0
二（a）	0.55	C25	0.2	3.0
二（b）	0.50	C30	0.15	3.0

3. 纵向受拉钢筋最小锚固及搭接长度见11G101-1。

4. 墙柱、梁贯通筋须采用机械连结。当钢筋直径大于等于22应优先采用机械连接，接头必须采用一级。且同一截面内接头必钢筋截面面积不应超过全部纵筋截面面积的50%，接头位置应避开上部墙体开洞部位.梁上托柱部位及受力较大部位。

5. 悬挑构件需待混凝土强度达到100%方可拆除支撑。

6. 现浇楼板、屋面板的构造要求：

（1）现浇楼板的分布筋除图中注明外均为ϕ8@250。

（2）双向板的底筋，短向筋放在底层，长向筋放在短向筋之上。

（3）当钢筋长度不够时，楼板、梁及屋面板、梁上部筋应在跨中1/3范围内搭接，梁板下部钢筋应在支座处1/3范围内搭接。

（4）凡在板上砌隔墙时，应在墙下板内底部增设加强筋(图纸中另有要求者除外)，当板跨L=1500时为2ϕ14，当板跨1500<L<2500时为3ϕ16，当板跨L=2500时为3ϕ18并锚固于两端支座内，详见图一。

（5）未注明楼板支座面筋长度标注尺寸界线时，面筋下方的标注数值为面筋自梁(墙)边起算的直段长度或总直段长度，如图二所示。

（6）楼、屋面板的所有阳角处，应在板1/4短跨范围内用双向面筋、底筋ϕ8@200加强且长度不小于1.2m，此加强面筋分别与图纸所标注的同方向板筋间隔放置，见图三。

（7）对设备的预留孔洞及预埋件需按平面图示位置及大小配合有关设备图及设备安装单位做好预留，未经设计院许可，不得随意打洞、剔凿。

（8）有高差的现浇板板面钢筋的锚固见图四。

7. 填充墙沿框架柱全高每隔500设2ϕ6拉筋，拉筋伸入墙内为1000,构造做法采用预埋件。

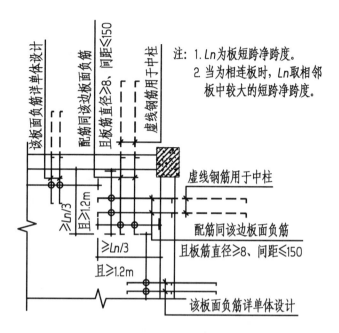

注：1. Ln为板短跨净跨度。
2. 当为相连板时，Ln取相邻板中较大的短跨净跨度。

图三　板角板面钢筋构造图

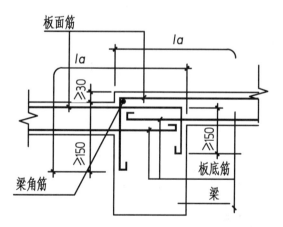

图四　板面高低差处板面钢筋锚固

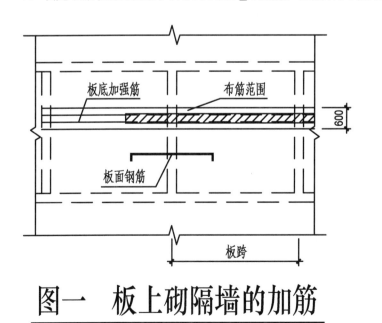

图一　板上砌隔墙的加筋

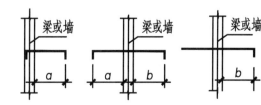

图二　板配筋表示方法

建设单位	××公司	图名	结构设计总说明（二）	图幅	A3
				图号	结施 -03
工程名称	员工宿舍楼			比例	1:100

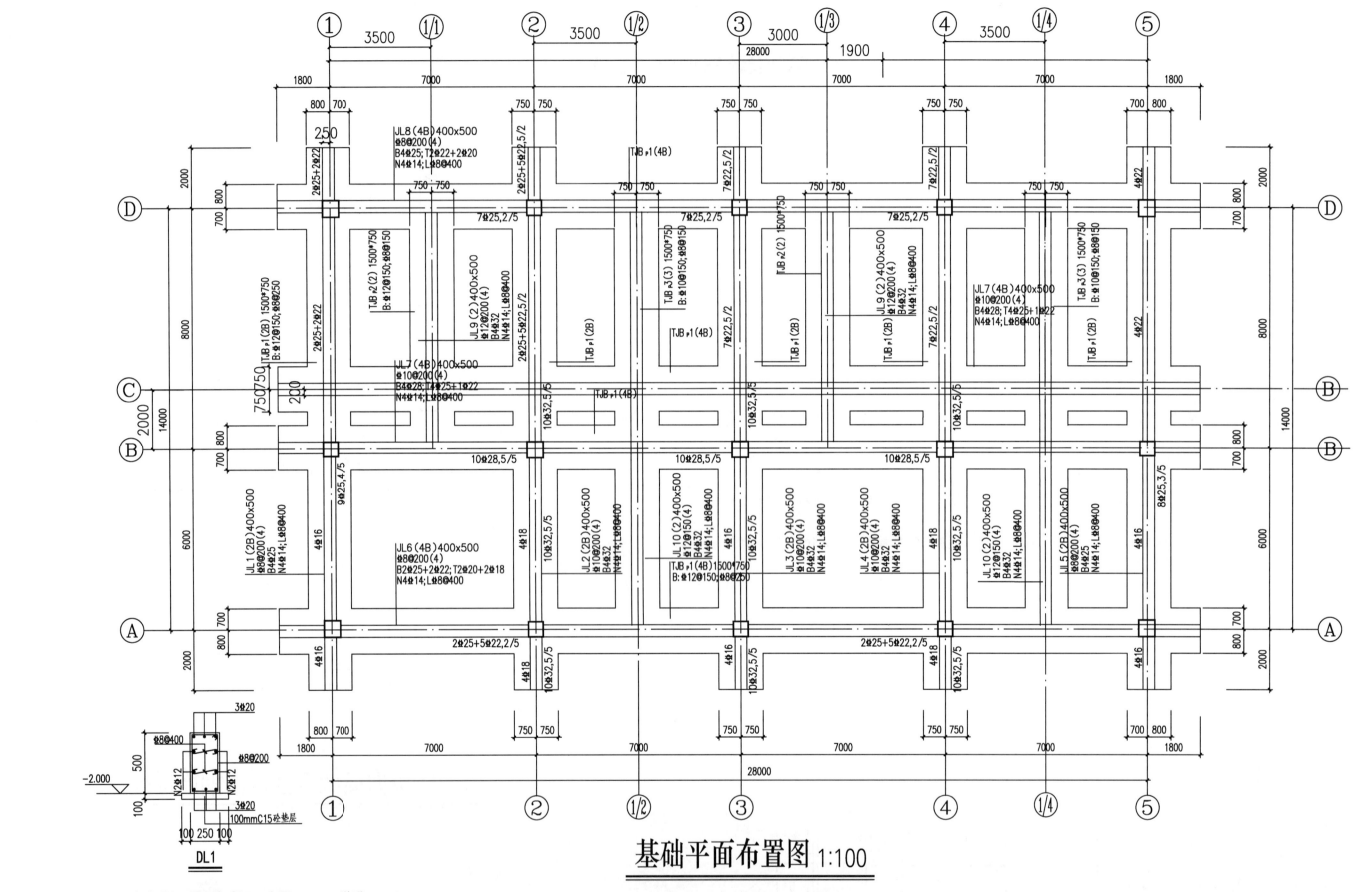

基础平面布置图 1:100

室内非承重墙基础梁示意图
（位置首层卫生间非承重墙）

说明：

1. 基础形式采用柱下条形基础，基础混凝土强度为C30，垫层混凝土为C15，两边宽出基础各100。

2. ±0.000为室内地坪标高，－0.450为室外地坪标高，基础底标高 H 为－2.000m。

3. 基础梁顶标高－0.75。

建设单位	××公司	图名	基础平面布置图	图幅	A3
				图号	结施-04
工程名称	员工宿舍楼			比例	1:100

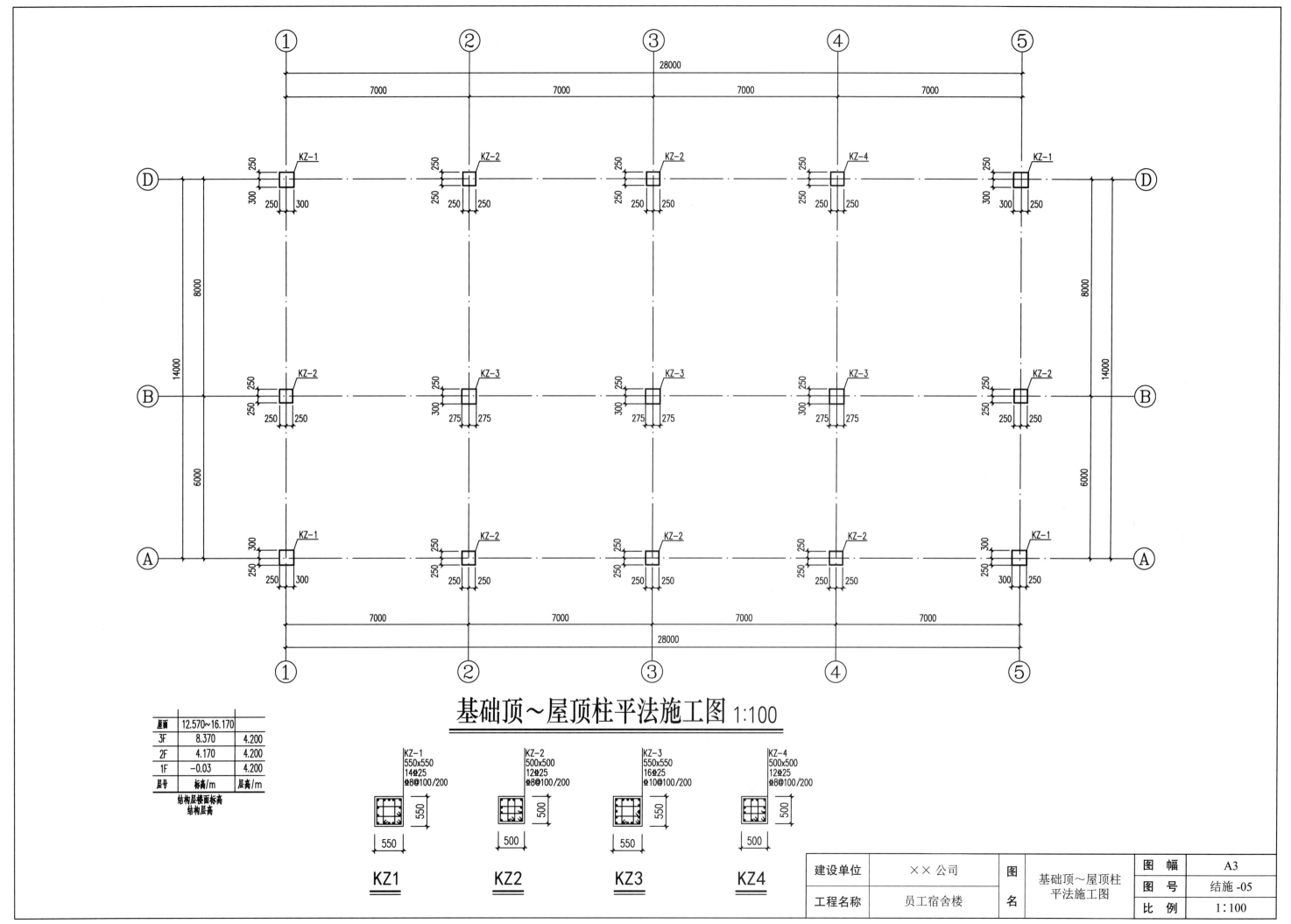

基础顶~屋顶柱平法施工图 1:100

屋面	12.570~16.170	
3F	8.370	4.200
2F	4.170	4.200
1F	-0.03	4.200
层号	标高/m	层高/m

结构层楼面标高
结构层高

KZ-1
550x550
14Φ25
Φ8@100/200

KZ-2
500x500
12Φ25
Φ8@100/200

KZ-3
550x550
16Φ25
Φ10@100/200

KZ-4
500x500
12Φ25
Φ8@100/200

KZ1 KZ2 KZ3 KZ4

建设单位	××公司	图名	基础顶~屋顶柱平法施工图	图幅	A3
				图号	结施-05
工程名称	员工宿舍楼			比例	1:100

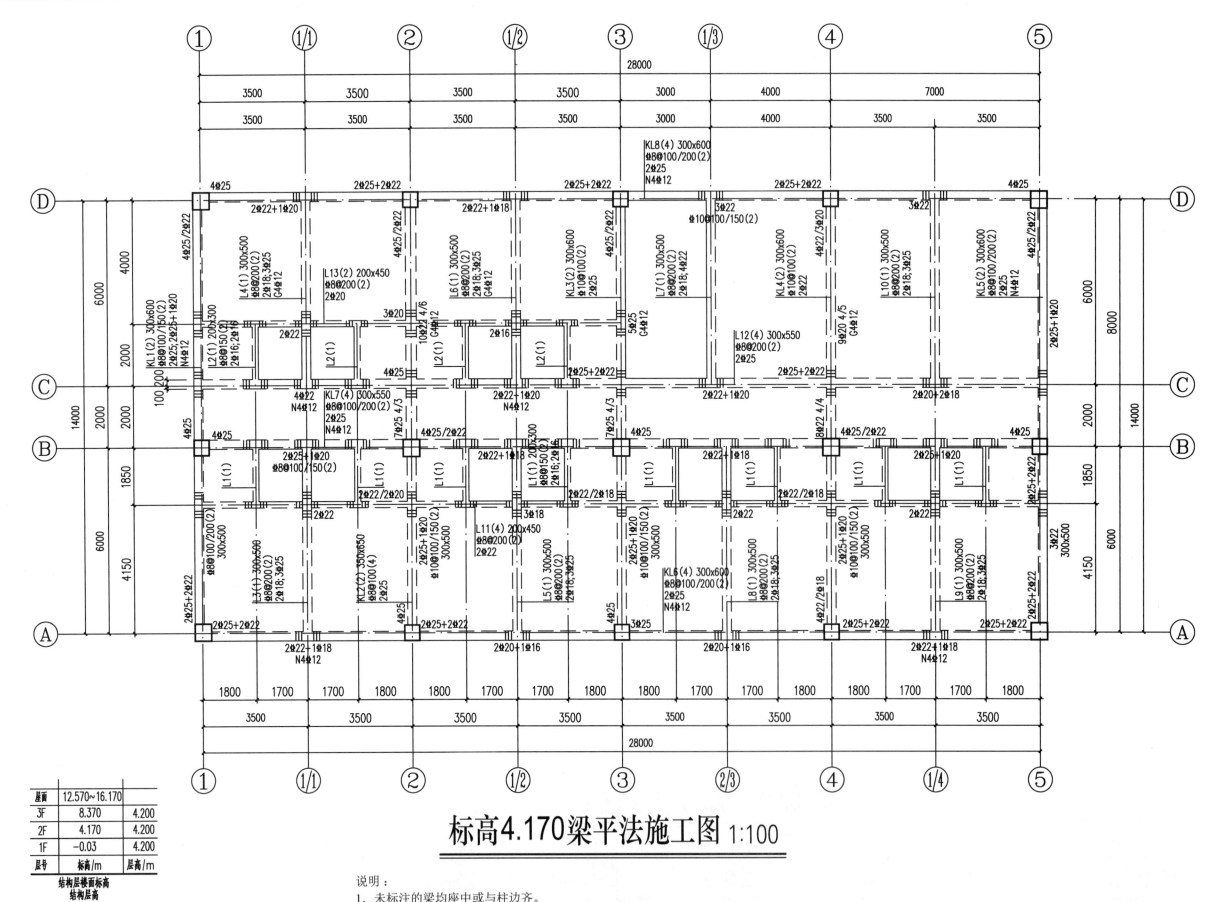

标高4.170梁平法施工图 1:100

层号	12.570~16.170	
屋面		
3F	8.370	4.200
2F	4.170	4.200
1F	-0.03	4.200
层号	标高/m	层高/m

结构层楼面标高
结构层高

说明：
1. 未标注的梁均座中或与柱边齐。
2. 主次梁相交时，除注明外次梁两侧各附加3根箍筋，级别及间距同主梁箍筋梁上部钢筋锚固按充分利用钢筋抗拉强度考虑。
3. 未尽事宜均按照国家有关规范要求进行施工。

建设单位	×× 公司	图名	标高 4.170 梁平法施工图	图幅	A3
工程名称	员工宿舍楼			图号	结施 -06
				比例	1:100

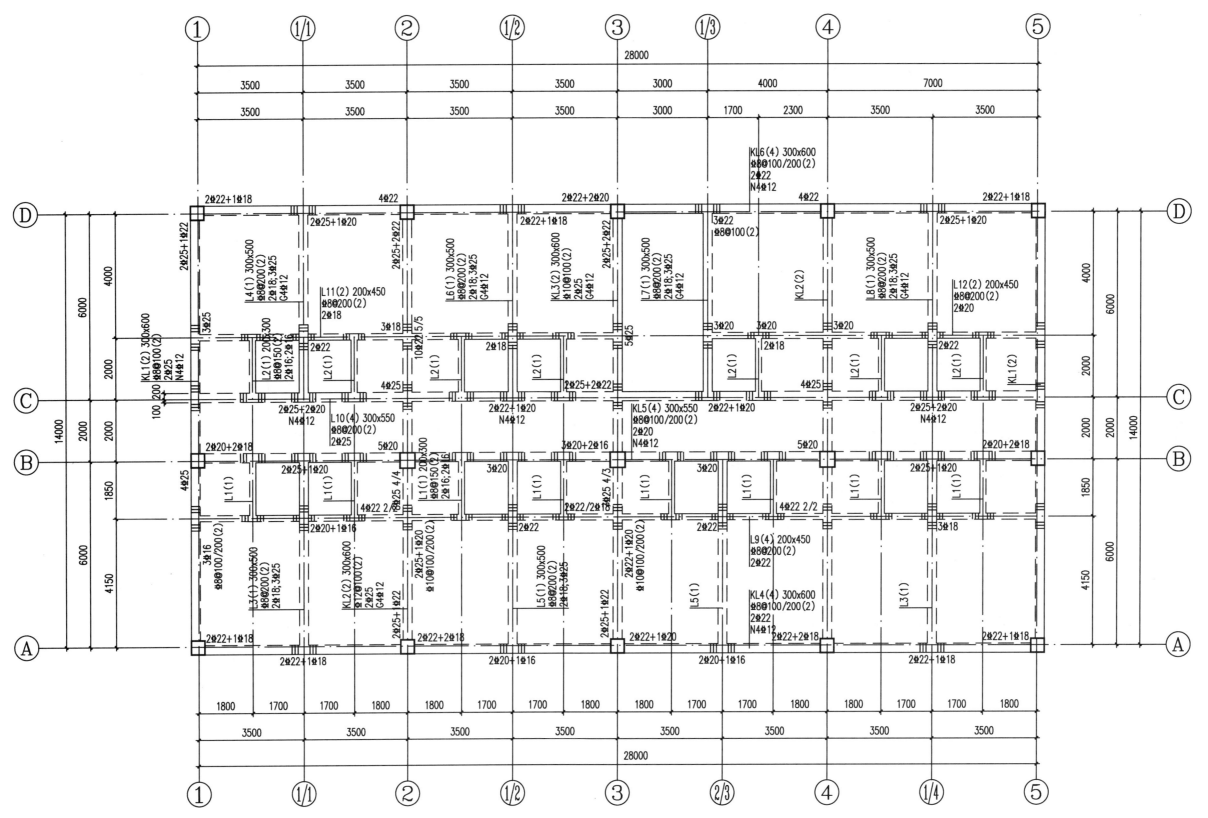

标高8.370梁平法施工图 1:100

屋面	12.570~16.170	
3F	8.370	4.200
2F	4.170	4.200
1F	-0.03	4.200
层号	标高/m	层高/m

结构层楼面标高
结构层高

说明：
1. 未标注的梁均居中或与柱边齐。
2. 主次梁相交时，除注明外次梁两侧各附加3根箍筋，级别及间距同主梁箍筋梁上部钢筋锚固按充分利用钢筋抗拉强度考虑。
3. 未尽事宜均按照国家有关规范要求进行施工。

建设单位	×× 公司	图名	标高 8.370 梁平法施工图	图幅	A3
				图号	结施 -07
工程名称	员工宿舍楼			比例	1:100

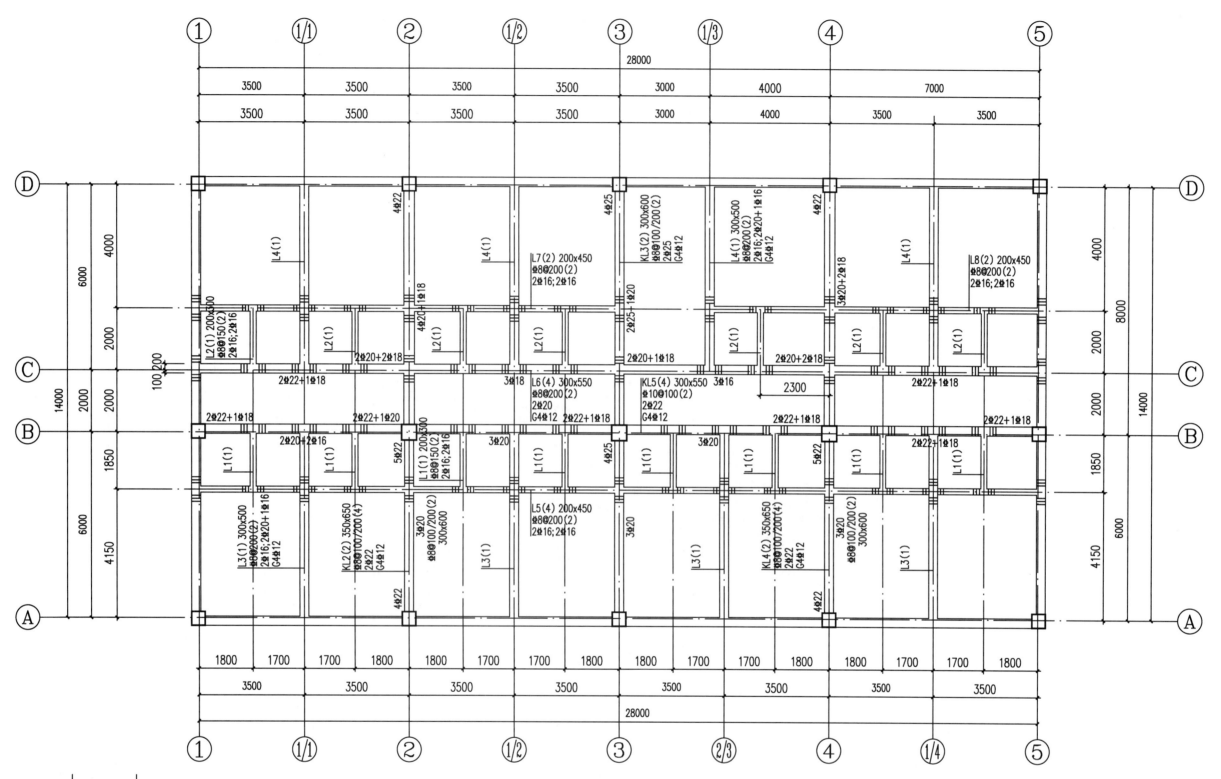

标高12.5700梁平法施工图 1:100

屋面	12.570~16.170	
3F	8.370	4.200
2F	4.170	4.200
1F	-0.03	4.200
层号	标高/m	层高/m

结构层楼面标高
结构层层高

说明：
1. 未标注的梁均座中或与柱边齐。
2. 主次梁相交时，除注明外次梁两侧各附加3Φ根箍筋，级别及间距同主梁箍筋梁上部钢筋锚固按充分利用钢筋抗拉强度考虑。
3. 未尽事宜均按照国家有关规范要求进行施工。

建设单位	××公司	图名	标高11.70梁平法施工图	图幅	A3
工程名称	员工宿舍楼			图号	结施-08
				比例	1:100

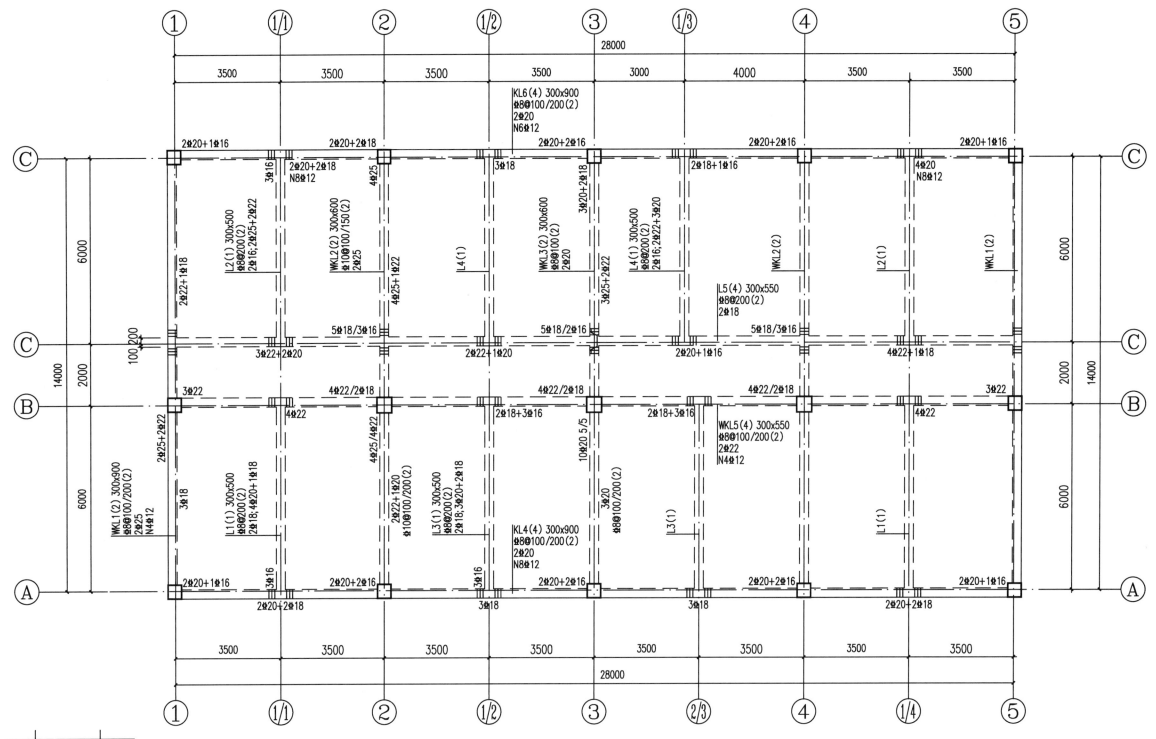

坡屋顶梁平法施工图 1:100

屋面	12.570~16.170	
3F	8.370	4.200
2F	4.170	4.200
1F	-0.03	4.200
层号	标高/m	层高/m
	结构层楼面标高	
	结构层层高	

说明：

1. 未标注的梁均居中或与柱边齐，未标注的吊筋均为2Φ12。

2. 主次梁相交时，除注明外次梁两侧各附加3Φ根箍筋，级别及间距同主梁箍筋梁上部钢筋锚固按充分利用钢筋抗拉强度考虑。

3. 未尽事宜均按照国家有关规范要求进行施工。

建设单位	××公司	图名	坡屋顶梁平法施工图	图幅	A3
				图号	结施-09
工程名称	员工宿舍楼			比例	1:100

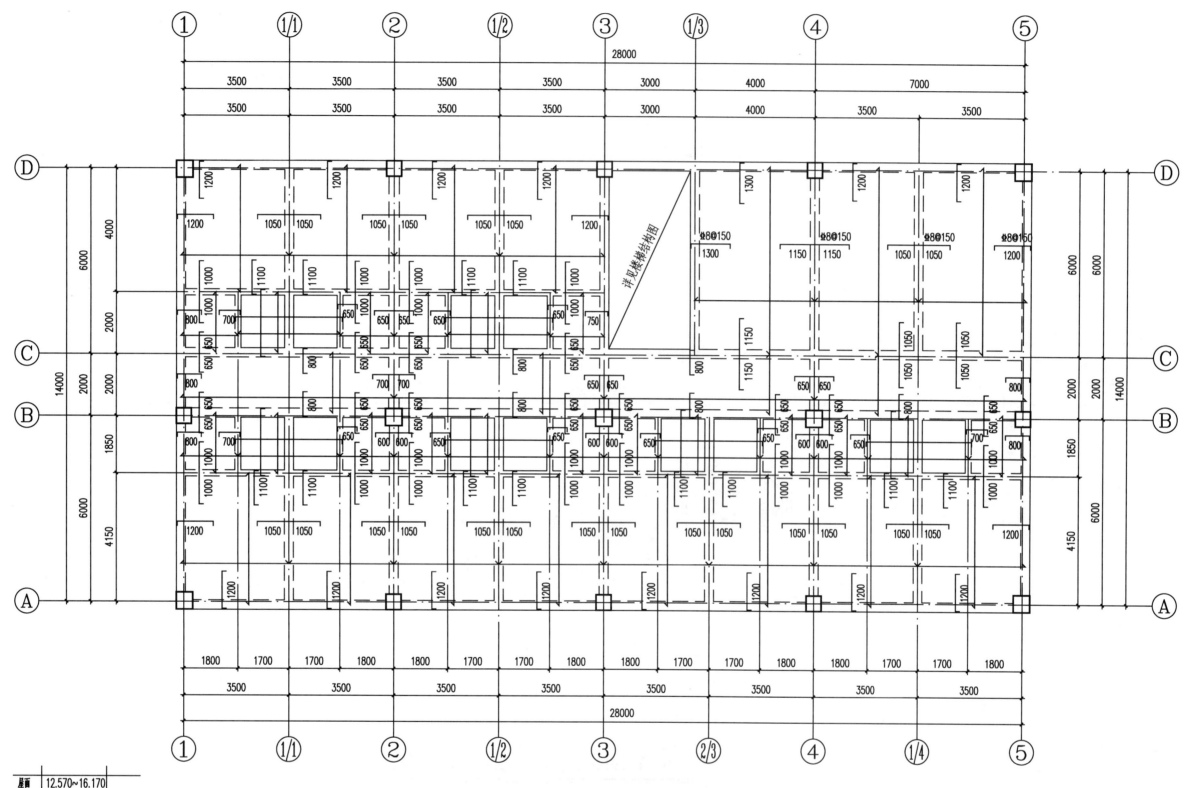

标高4.170板配筋图 1:100

说明：
1. 未标注的板厚为100mm，未标注的板钢筋均为 Φ8@200。
   板支座钢筋锚固按充分利用钢筋抗拉强度考虑。
2. ┄┄┄表示H-0.100m，H为结构标高。
3. 施工时应与建筑、水、暖、电等专业图纸密切配合，预留孔洞。

屋面	12.570~16.170	
3F	8.370	4.200
2F	4.170	4.200
1F	-0.03	4.200
层号	标高/m	层高/m

结构层楼面标高
结构层高

建设单位	××公司	图名	标高4.170板配筋图	图幅	A3
				图号	结施-10
工程名称	员工宿舍楼			比例	1:100

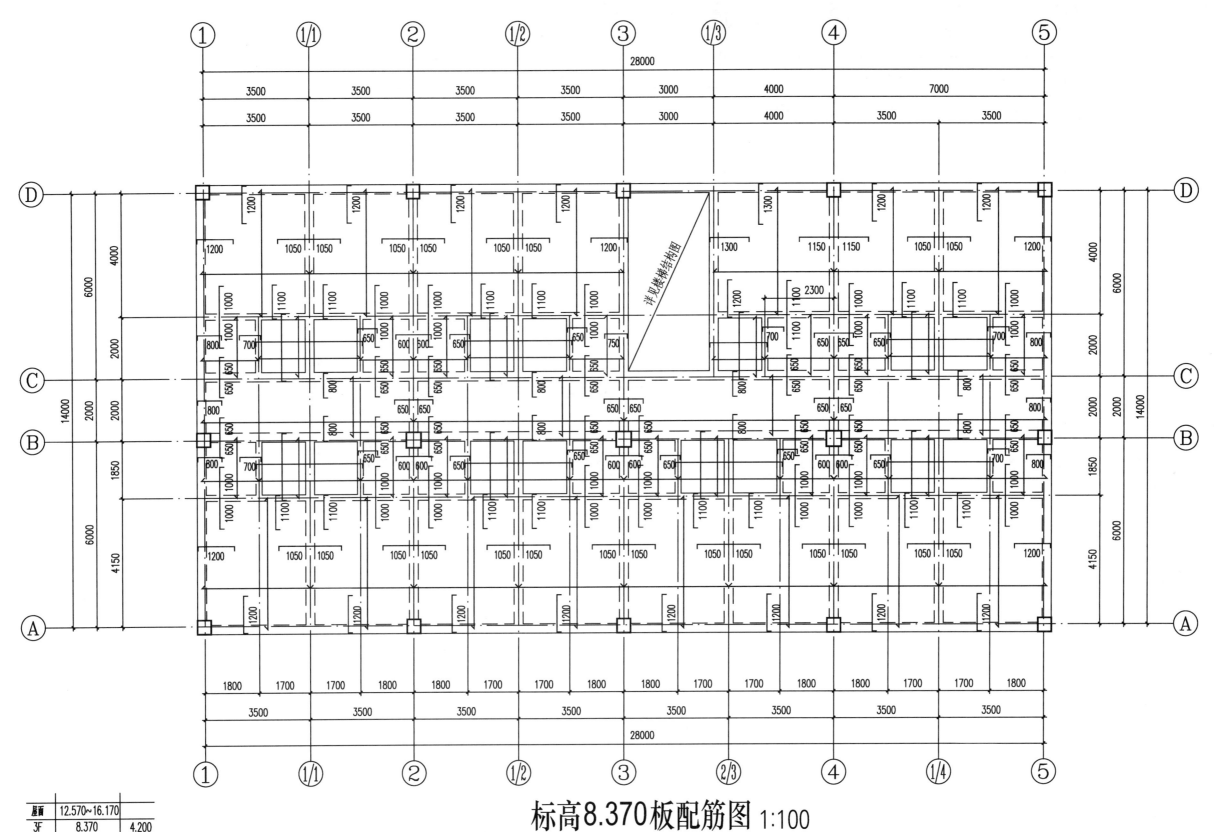

标高8.370板配筋图 1:100

屋面	12.570~16.170	
3F	8.370	4.200
2F	4.170	4.200
1F	−0.03	4.200
层号	标高/m	层高/m

结构层楼面标高
结构层高

说明：
1. 未标注的板厚为100mm，未标注的板钢筋均为Φ8@200。
   板支座钢筋锚固按充分利用钢筋抗拉强度考虑。
2. [:::::::]表示H-0.100m，H为结构标高。
3. 施工时应与建筑、水、暖、电等专业图纸密切配合，预留孔洞。

建设单位	××公司	图名	标高8.370板配筋图	图幅	A3
工程名称	员工宿舍楼			图号	结施-11
				比例	1:100

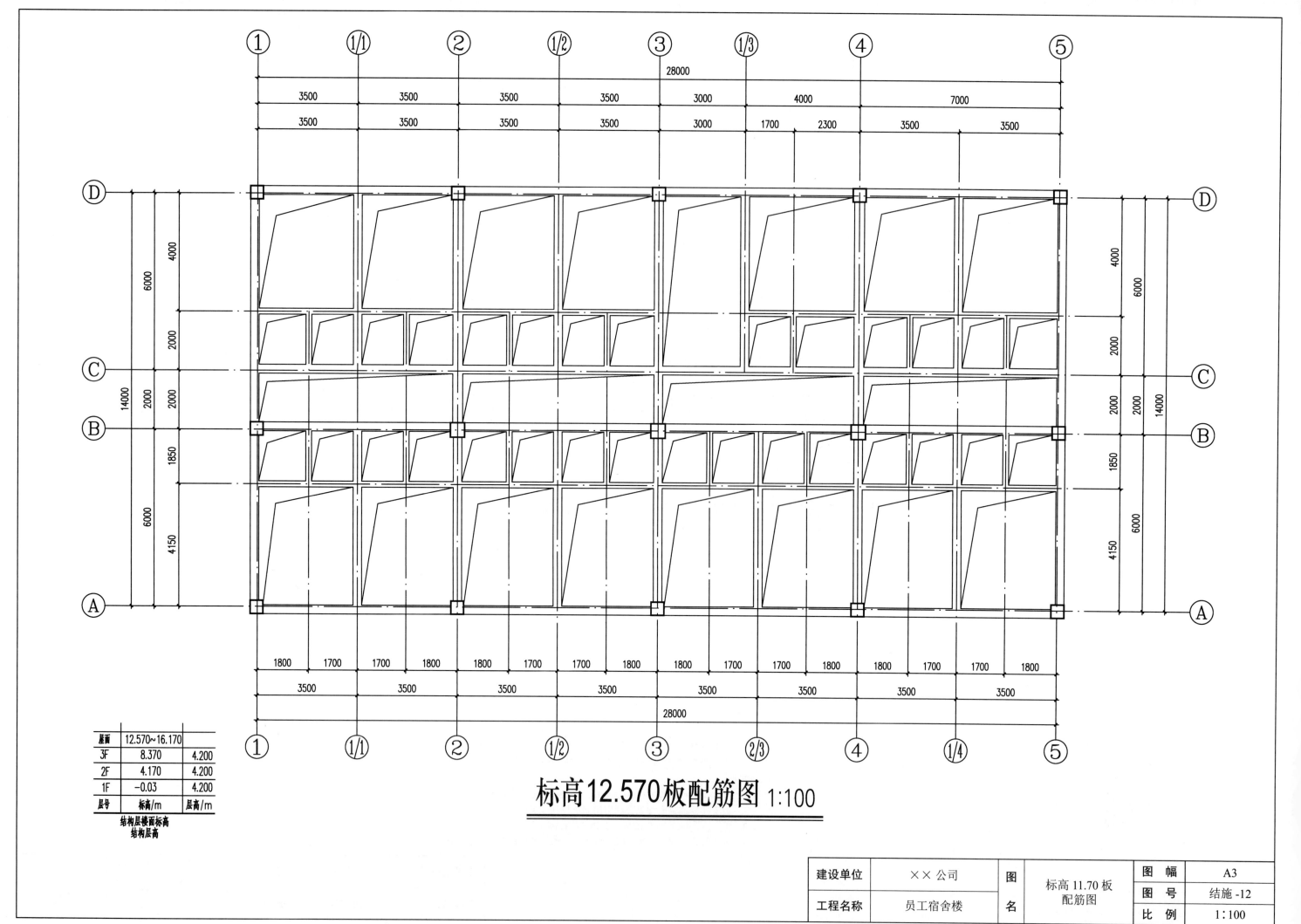

标高12.570板配筋图 1:100

屋面	12.570~16.170	
3F	8.370	4.200
2F	4.170	4.200
1F	−0.03	4.200
层号	标高/m	层高/m

结构层楼面标高
结构层高

建设单位	××公司	图 名	标高11.70板 配筋图	图 幅	A3
工程名称	员工宿舍楼			图 号	结施 -12
				比 例	1:100

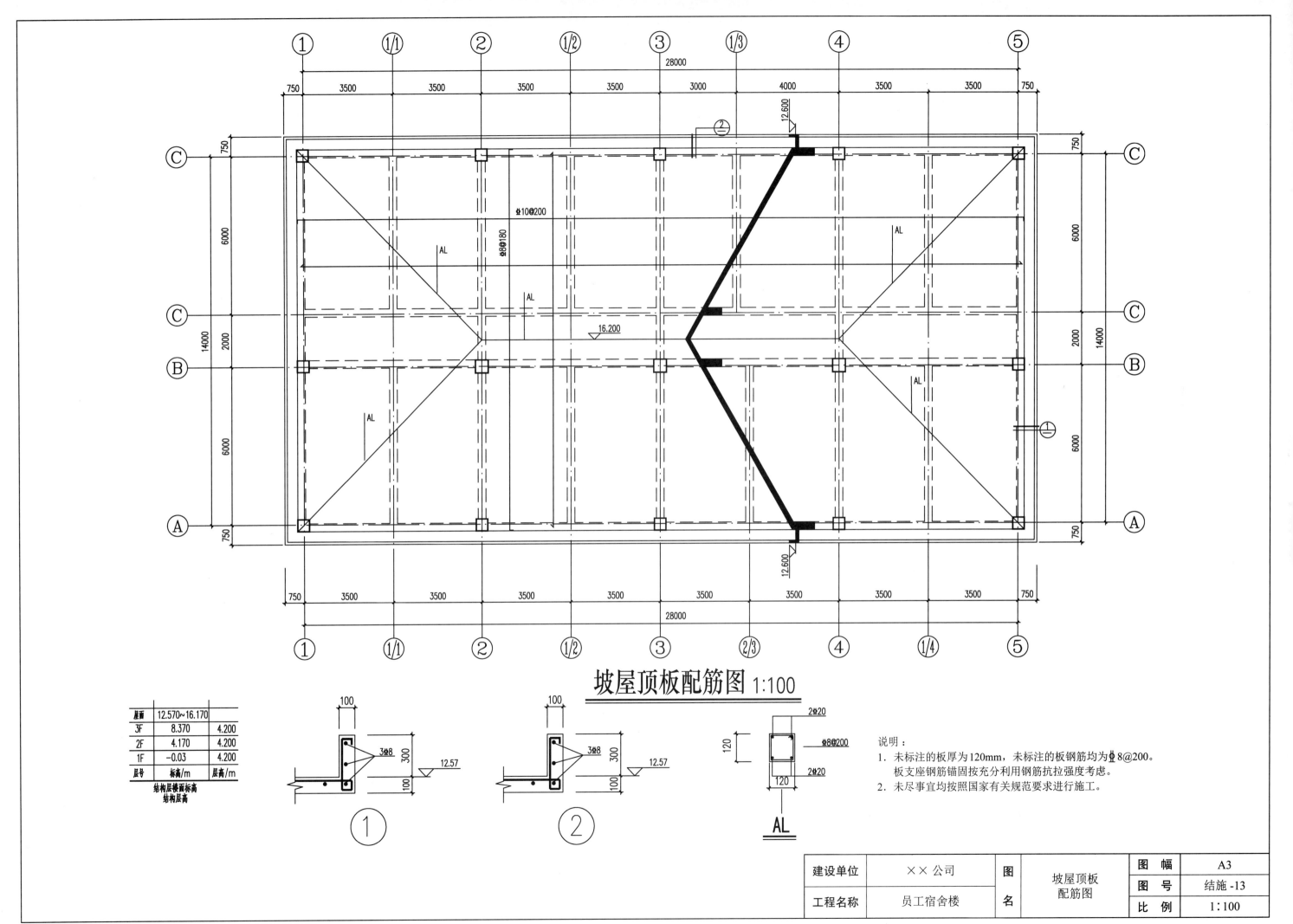

坡屋顶板配筋图 1:100

屋面	12.570~16.170	
3F	8.370	4.200
2F	4.170	4.200
1F	-0.03	4.200
层号	标高/m	层高/m
	结构层楼面标高 结构层高	

说明:
1. 未标注的板厚为120mm,未标注的板钢筋均为 $\Phi8@200$。板支座钢筋锚固按充分利用钢筋抗拉强度考虑。
2. 未尽事宜均按照国家有关规范要求进行施工。

建设单位	×× 公司	图 名	坡屋顶板 配筋图	图 幅	A3
工程名称	员工宿舍楼			图 号	结施 -13
				比 例	1:100

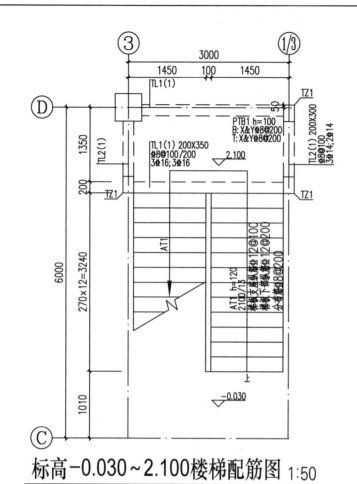

标高-0.030~2.100楼梯配筋图 1:50

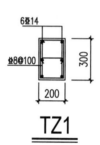

TZ1

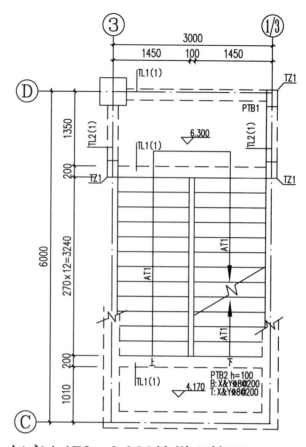

标高4.170~6.300楼梯配筋图 1:50

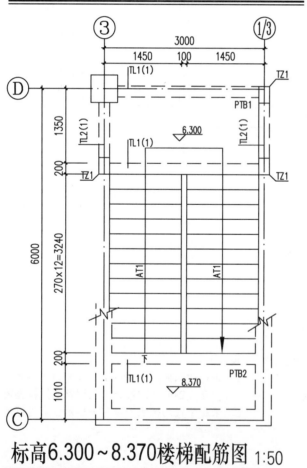

标高6.300~8.370楼梯配筋图 1:50

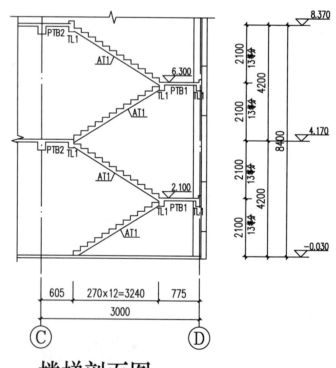

楼梯剖面图 1:100

建设单位	×× 公司	图	楼梯剖面图	图　幅	A3
		名		图　号	结施 -14
工程名称	员工宿舍楼			比　例	1:100